普通高等教育农业农村部"十三五"规划教材
全国高等农林院校"十三五"规划教材

计算机网络实验教程

JISUANJI WANGLUO SHIYAN JIAOCHENG

孙 建 魏晓莉 主编

U0307512

中国农业出版社
北 京

内容简介

随着 5G 时代的到来，可以说网络技术的应用无处不在。因此计算机网络知识的学习和应用已经不仅仅是计算机专业学生必须要做的事情了，非计算机专业的学生也有必要更多地了解和掌握计算机网络的基本理论知识与常用的网络应用技术，这样才能更好地融入当前飞速发展的信息化社会。

本书以计算机网络基本理论知识验证和常用计算机网络应用技术实践为主线，较为详细地介绍了计算机网络基础知识、局域网组网、路由器配置、因特网宽带接入技术和网站设计的实践方法和技能等内容。全书一共分为七章，分别是计算机网络基础实验、局域网组网实践、常用计算机网络协议实践、居民宽带接入因特网技术实践、网络安全与故障排除、常用网站设计与开发技术实践和网站综合设计实践。

本书力求贴近实际应用需求，紧密结合计算机网络实践应用中最常用、最先进的技术，使学生学以致用、学有所用。

本书适用于计算机科学与技术、软件工程、物联网等相关专业以及非计算机专业的高等本科院校和职业技术院校的学生，也能为计算机网络爱好者提供很大的帮助，是一本计算机网络实践技能的普及教材。

编写人员名单

主　编　孙　建　魏晓莉

副主编　侯　薇　王　丹　刘文洋

参　编　赵峻颖　吴亚春

主　审　李晓明

计算机网络是信息化社会的基础和核心。在 5G、物联网、大数据、云计算等技术高速发展的今天急需大量掌握计算机网络原理和应用技术的专业人才。计算机网络是高校计算机科学与技术、软件工程、物联网等相关专业的一门必修专业课，同时也是一门对实践技能要求很高的课程。为了帮助学生更好地理解和掌握计算机网络这门课程中抽象的理论知识，以及了解一些当前较为流行的计算机网络应用技术，编者结合自己多年的计算机网络实践教学经验编写了此书，使学生通过实验了解和掌握计算机网络的基础理论知识，并掌握一定的计算机网络应用技术实践技能，也期望通过实验课的实践操作，提高学生对计算机网络技术应用的认知和学习兴趣。

本书的几位编者均在本科院校工作多年，一直担任计算机网络及其实验课程的教学工作。为了规范实验内容、严格把关实验训练过程、达到实验教学的目的，编者多年来一直对计算机网络的实验教学进行着探索，研究在课时有限的情况下，如何组织教学内容、提高学生的实践动手能力，以及完善教学目的，并把自己教学环节的心得体会贯穿在全书编写过程中。

全书共分为 7 章，第 1 章是计算机网络基础实验，主要介绍网线制作、常用网络测试命令以及常用网络设备的启动和基本配置；第 2 章是局域网组网实践，主要介绍通过以太网交换机进行有线局域网的组建、扩展以及虚拟局域网的配置；第 3 章是常用计算机网络协议实践，这部分理论知识最为抽象，涉及因特网体系结构各个层次中的很多重要协议，本章主要通过验证的方式让学生增强对协议执行过程的感性认识。第 4 章是居民宽带接入互联网技术实践，本章将目前比较主流的 ADSL、HFC 技术作为主要内容加以介绍，并加入核心技术即网络地址转换技术实验部分，目的就是在紧跟网络技术发展的同时又注重网络实用技术的普及和推广；第 5 章是网络安全与故障排除，从端口扫描、入侵检测、数字加密和签名、注册表配置等方面对网络存在的各种隐患、故障加以分析验证；第 6 章和第 7 章是网站设计与开发的常用技术，主要从网站建设、网页制作及网站综合设计的角度进行详细阐述。

本书的实验内容较为丰富，具有很强的可操作性，即使在没有计算机网络实验设备的条件下，也能通过相关的计算机网络实验模拟软件进行验证，如 Cisco Packet Tracer 网络仿真软件。在章节结构设计上，实验前先介绍实验目的、实验背景知识，然后介绍实验内容和操作步骤。所以本书既可以作为计算机网络课程的配套实验用书，也可作为独立的实验教材使用。

本书第 1 至第 4 章由孙建、魏晓莉编写，第 5 章由王丹编写，第 6 章由刘文洋编写，第 7 章由侯薇编写。赵峻颖和吴亚春负责全书各章节的资料收集、实验验证、论文校稿等工作，李晓明担任本书主审。

由于编者水平有限，难免有不足和错误之处，恳请专家和广大读者不吝批评指正。

编 者

2021 年 4 月

目 录

第 1 章　计算机网络基础实验

本章是计算机网络基础实验，包括网线制作、常用网络命令、常用网络设备即交换机和路由器的启动与基本配置。

1.1　网线制作

1.1.1　实验目的

1. 熟悉 RJ45 10/100Mb/s T568A 和 T568B 头制作过程与网线连接的原则。
2. 掌握五类双绞线的直通线和交叉线的制作方法。
3. 掌握测线器的使用方法。

1.1.2　实验背景知识

同类型设备之间使用交叉线连接，不同类型设备之间使用直通线连接，如路由器和计算机属于数据终端设备（DTE），交换机和集线器（Hub）属于数据通信设备（DCE）。RJ45 网络接头制作一般有 568A 和 568B 两种标准，网线两端按同一标准制作即直通线，按不同标准制作即交叉线，不管如何接线，最后完成后用测线器测试，实现 8 个指示灯对应依次闪烁。

1.1.3　实验内容

1. 学习局域网（LAN）中网线连接的原则。
2. 实际动手制作两条 10/100Mb/s 五类双绞线的直通线和交叉线。
3. 用测线器测试所做的网线是否合格，并标识合格品。

1.1.4　实验环境

1. 为每人提供 2m 五类双绞线、6 个 RJ45 水晶头。
2. 为每组提供 2 套网线制作工具，如双绞线、压线钳、测线器、斜口钳，如图 1-1 所示。

1.1.5　实验步骤

1. LAN 中网线连接原则

（1）同类型设备相连用交叉线，即双绞线两头分别为 T568A 标准和 T568B 标准。如交换机与交换机、Hub 与 Hub、计算机与计算机/路由器等设备之间的连接。

（2）不同类型设备相连用直通线，即双绞线两头均为 T568B 标准。如交换机与计算机、Hub 与计算机、路由器与交换机/Hub 等设备之间的连接。

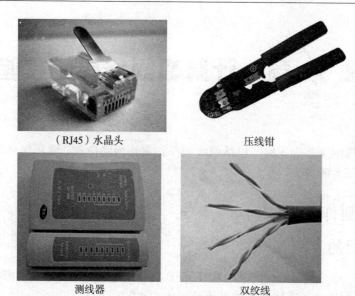

（RJ45）水晶头　　　　　　　　　压线钳

测线器　　　　　　　　　双绞线

图 1-1　实验器材

2. T568B 和 T568A 电缆中线的线序（图 1-2）

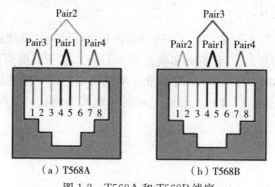

（a）T568A　　　　　　　　　（b）T568B

图 1-2　T568A 和 T568B 线序

T568A、T568B 水晶头引脚与双绞线颜色对应关系及作用分别在表 1-1 和表 1-2 中进行了说明。

表 1-1　T568A 编线方式

管脚号	组号	功能	线的颜色	是否用 10/100Mb/s 带宽的以太网	是否用 100/1000Mb/s 带宽的以太网
1	3	传输	白色-绿色	是	是
2	3	接收	绿色	是	是
3	2	传输	白色-橙色	是	是
4	1	未使用	蓝色	否	是
5	1	未使用	白色-蓝色	否	是
6	2	接收	橙色	是	是
7	4	未使用	白色-棕色	否	是
8	4	未使用	棕色	否	是

表 1-2　T568B 编线方式

管脚号	组号	功能	线的颜色	是否用 10/100Mb/s 带宽的以太网	是否用 100/1000Mb/s 带宽的以太网
1	2	传输	白色-橙色	是	是
2	2	接收	橙色	是	是
3	3	传输	白色-绿色	是	是
4	1	未使用	蓝色	否	是
5	1	未使用	白色-蓝色	否	是
6	3	接收	绿色	是	是
7	4	未使用	白色-棕色	否	是
8	4	未使用	棕色	否	是

3. 交叉线的制作

（1）剪一条长 1m 的五类双绞线，在网线的一端剥去 2cm 长的护皮，紧紧拿好已经剥去护皮的 4 对绞好网线，重新以 T568B 编线标准将网线编组，小心保持从左到右绞好的状态（橙色组、绿色组、蓝色组、棕色组），如图 1-3 所示。

（2）按照 T568B 标准和导线颜色将导线按顺序弄平、弄直，然后用斜口钳或压线钳将裸露出的双绞线剪下只剩 14mm 的长度，使线头部整齐，确保不要松开护皮和线，因为它们都已经排好顺序，按 T568B 网线的颜色排列方向将一个 RJ45 水晶头安在线的一端（注意方向不能反），尖头放在下边，如图 1-4 所示。

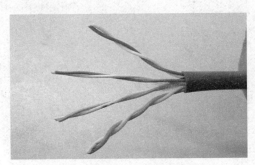

图 1-3　划开保护套并重新以 T568B
编线标准编组的网线

图 1-4　T568B 水晶头制作

（3）用力将 8 根网线并排塞进水晶头内，直到能够通过水晶头的尾部底端看到线的铜头一端，确定护皮的尾部在水晶头里面并且所有的线都是按顺序排好的，用双绞线压线钳挤压水晶头直到锁扣松开，使接触端铜片穿过线的绝缘部分，从而完成水晶头的制作。

（4）重复步骤（1）～（3）做好网线的另一端，用 T568A 编线标准完成这条交叉网线的制作，用测线器测试已经做好的网线，然后检查主模块与另一模块的 8 个指示灯是否按 1-3、2-6、3-1、4-4、5-5、6-2、7-7、8-8 顺序轮流发光，来判断所做的网线是否合格。

4. 直通线的制作

直通线的制作步骤同交叉线的制作步骤一样，网线的两端均按 T568B 编线标准进行，用测线器测试已经做好的网线，然后检查主模块与另一模块的 8 个指示灯是否按 1-1、2-2、3-3、4-4、5-5、6-6、7-7、8-8 顺序轮流发光（图 1-5），来判断所做的网线是否合格。

图 1-5　用测线器进行测试

【例 1-1】通过网线进行两台计算机之间的连接，并实现数据传输。

RJ45 型交叉网线接法是：一端按 T568A 线序接，一端按 T568B 线序接，然后网线经 RJ45 插头插入要连接电脑的网线插口中，这就完成了两台电脑间的物理连接。但是这时两台电脑间不一定就能进行数据传送，还必须进行相关的设置：

（1）指定每台电脑的 IP 地址。可以选择 192.168.0.1～192.168.0.254 的任何值作为这两台电脑的 IP 地址。注意：IP 地址不要重复使用。

（2）设置每台电脑的子网掩码为 255.255.255.0。

（3）设置每台电脑的网关一样，例如两台电脑的网关都取 192.168.0.100。

（4）设置要访问电脑的硬盘为共享，设置共享的方法与局域网中的操作相同。

（5）完成前 4 项的设置后，在电脑的"网上邻居"窗口中就可以看到互相连接的电脑了，接下来就可以像局域网那样用"复制"和"粘贴"命令互相传送数据了。

1.1.6　实验报告要求

1. 描述 T568A 和 T568B 的制作过程。

2. 描述网线测试过程。

思考题

1. 双绞线有四对线，为什么每对线都要相互缠绕？

2. 直通线和交叉线的区别是什么？

1.2　常用网络命令

1.2.1　实验目的

1. 了解常用网络命令的工作方式。

2. 掌握常用网络命令的使用方法。

1.2.2　实验内容

1. 练习 ping、tracer、ipconfig、netstat、route 命令的使用方法。

2. 理解各命令的使用环境。

1.2.3　实验步骤

1. ping 命令

（1）ping 功能。ping（Packet Internet Grope，因特网包探测器）是网络实验、调试过程中最常用的一个命令，一般用来测试源主机到目的主机网络的连通性。无论是在 UNIX、Linux、Windows 中还是在 Cisco 路由器的 IOS 中都集成了 ping 命令。ping 命令是在 IP 层中利用回应请求/应答 ICMP 报文来测试目的主机或路由器的可达性的。通过执行 ping 命令主要可获得如下信息：

①监测网络的连通性，检验与远程计算机或本地计算机的连接。

②确定是否有数据包丢失、被复制或重传。ping 命令在所发送的数据包中设置唯一的序列号，以此检查其收到应答报文的序列号。

③ping 命令在其所发送的数据包中设置时间戳（Timestamp），根据返回的时间戳信息可以计算数据包往返的时间（Round Trip Time，RTT）。

④ping 命令校验每一个收到的数据包，据此可以确定数据包是否损坏。

（2）在 Windows 中，ping 命令语法如下：

ping[-t][-a][-n count][-l size][-f][-i TTL][-v TOS][-r count][-s count]
[[-j host-list] | [-k host-list]][-w timeout]target_name

ping 命令各选项的具体含义见表 1-3。

表 1-3　ping 命令选项及含义

选项	含　义
-t	不停地使用 ping 命令测试目的主机，直到按 Ctrl＋C 组合键时才停止
-a	将 IP 地址解析为计算机主机名
-n count	发送回送请求 ICMP 报文的次数（默认值为 4）
-l size	定义 echo 数据包大小（默认值为 32B）
-f	在数据包中不允许分片（默认为允许分片）
-i TTL	指定生存时间
-v TOS	指定要求的服务时间
-r count	记录路由
-s count	使用时间戳选项
-j host-list	利用主机列表指定宽松的源路由
-k host-list	利用主机列表指定严格的源路由
-w timeout	指定超时间隔，单位为 ms

（3）发送 ping 命令测试报文。发送 ping 命令测试报文可以不用选项。例如，执行命令"ping IP 地址"或"ping 域名"，则向指定的 IP 地址的主机或域名发送 ping 命令测试报文，这是最常用的一种使用方法。

【例 1-2】使用 ping 命令测试百度公司的域名 www.baidu.com。在 cmd 窗口中输入如下命令（图 1 - 6）：

ping www. baidu. com

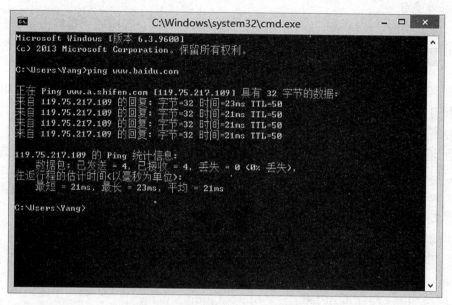

图 1-6　使用 ping 命令进行域名测试

【例 1-3】使用 ping 命令测试百度公司的 IP 地址。在 cmd 中输入如下命令（图 1 - 7）：
ping 119. 75. 217. 109

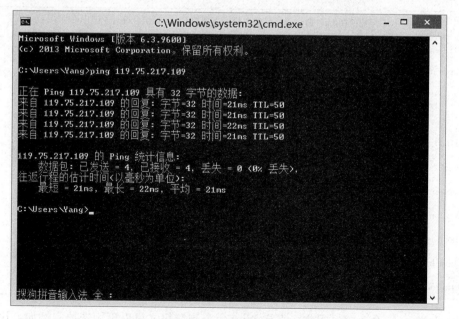

图 1-7　使用 ping 命令进行 IP 地址测试

例 1-2 中，已经知道了域名 www. baidu. com 的 IP 地址是 119. 75. 217. 109，所以，例 1-3 中改用 ping IP 地址，实验结果一样。此例说明，可以利用该命令从域名查找对应的

IP 地址。

例 1-2 或例 1-3 中，在 ping 命令显示的结果中，都返回 4 个测试数据包，其中"字节＝32"表示测试中发送的数据包大小是 32B，"时间＝21ms"表示与对方主机往返一次所用的时间是 21ms，信息显示 4 个数据包返回速度最快为 21ms，最慢为 23ms，平均速度为 21ms，ping 能够以 ms 为单位显示发送回送请求和收到回送应答之间的时长，如果应答时间短，表示数据包没有通过太多的路由器或网络连接速度较快。

（4）通过 ping 命令检测网络故障。使用 ping 命令来查找问题所在或检验网络运行情况时，需要使用很多 ping 命令，如果所有运行均正确，可以确定基本的网络连通性和配置参数的正确性；如果某些 ping 命令出现运行故障，就可以利用它判断故障位置。下面给出一个典型的检测次序及对应可能故障的位置。

①ping 127.0.0.1。ping 环回测试地址，验证本地计算机是否正确安装了 TCP/IP 协议，以及配置是否正确。

②ping 本机 IP 地址。这个命令被送到本机所配置的 IP 地址，本机始终都应该对该 ping 命令做出应答，如果没有，则表示本地配置或安装存在问题。

③ping 局域网内其他 IP 地址。这个命令应该离开本机，经过网卡及传输媒体到达其他计算机，再返回。若收到回送应答，表明本地网络中网卡和传输媒体运行没有问题，但若收到 0 个回送应答，则表明子网掩码错误、网卡配置错误，或传输媒体存在问题。

④ping 网关 IP 地址。这个命令回答正确，则表示局域网中的网关路由器正在运行，并能够做出应答。

⑤ping 远程 IP 地址。如例 1-3 收到 4 个应答，表示成功地使用了默认网关，对于 ADSL 用户，则表示能够成功访问 Internet，但不排除 Internet 服务提供商即 ISP 的域名系统（DNS）存在问题。

⑥ping Localhost。Localhost（本地主机）是操作系统的网络保留名，它是 127.0.0.1 的别名，每台计算机都应该能够将该名字转换成该地址，如果没有做到这一点，则表示主机文件（/Windows/host）存在问题。

⑦ping 域名。如例 1-2 所示，通常是通过 DNS 服务器解析域名，如果出现故障，则表示本机 DNS 的 IP 地址配置不正确，或 DNS 服务器有故障（对于拨号上网用户，某些 ISP 已经不需要设置 DNS 服务器了），也可以利用该命令实现域名对 IP 地址的转换功能。

2. tracert 命令

（1）tracert 功能。tracert（跟踪路由）命令是路由跟踪实用程序，用于获取 IP 数据报访问目标时从本地计算机到目的主机的路径信息。tracert 命令通过发送数据报到目的设备，根据应答报文得到路径和延迟信息（如 TTL）。一条路径上的每个设备要使用 tracert 命令测 3 次，因而有 3 个探测包的回应时间。一般在网络情况稳定的情况下，3 个时间差不多，如果相差比较大，说明网络情况变化较大。

tracert 命令的输出结果包括每次测试的时间和设备的名称或 IP 地址。tracert 命令通过向目的地发送具有不同 IP 生存时间（TTL）值的 Internet 控制消息协议（ICMP）回送请求报文，以确定到达目的地的路由，所显示的路径是源主机与目标主机间的路径中的近侧路由器接口列表。tracert 命令先发送 TTL 为 1 的回应数据包，并在随后的每次发送过程中将 TTL 的值递增 1，直到目标响应或 TTL 达到最大值，从而确定路由。

（2）在 Windows 中，tracert 命令语法如下：

tracert[-d][-h maximum_hops][-j host-list][-w timeout]target_name

表 1-4 给出了 tracert 命令各选项的具体含义。

表 1-4　tracert 命令选项及含义

选项	含　义
-d	指定不将地址解析为计算机名。这样可加速显示 tracert 结果
-h maximum _ hops	指定搜索路径中存在的跃点的最大数，默认值为 30 个跃点
-j host-list	指定回显请求消息将 IP 报头中的松散源路由选项与 host-list 中指定的中间目标集一起使用
-w timeout	指定等待“ICMP 已超时”或“回显答复”消息（对应于要接收的给定“回显请求”消息）的时间（以 ms 为单位）。

【例 1-4】如果数据包必须通过两个路由器（10.10.10.1 和 192.168.0.1）才能到达主机 172.16.0.88，如图 1-8 所示，主机的默认网关是 10.10.10.1，那么 192.168.0.1 网络上的路由器的 IP 地址是 192.168.0.1。

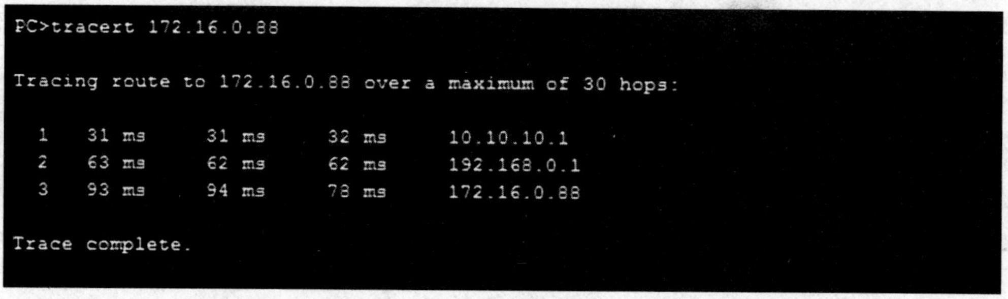

```
PC>tracert 172.16.0.88

Tracing route to 172.16.0.88 over a maximum of 30 hops:

  1   31 ms     31 ms     32 ms     10.10.10.1
  2   63 ms     62 ms     62 ms     192.168.0.1
  3   93 ms     94 ms     78 ms     172.16.0.88

Trace complete.
```

图 1-8　tracert 命令

第 1 列表示为经过的路由的数量，31ms 表示一个路由到另外一个路由的通信时间。若出现“*”标识，则“*”表示超时，没有解析出地址。这是由于某些路由器不会为其 TTL 值已过期的数据包返回“已超时”消息，而且这些路由器对于 tracert 命令可见，如例 1-5。

【例 1-5】跟踪某主机到 www.baidu.com 路径中的路由器。用 tracert 命令跟踪到 www.baidu.com 路径中的路由器信息如图 1-9 所示，跟踪信息 1 和 2、13 和 14、17 和 20 路由之间在 tracert 测试下超时，但是因为后面 20 能返回正确结果，说明网络仍然是畅通的。

3. ipconfig 命令

（1）ipconfig 功能。ipconfig 命令可以显示所有当前的 TCP/IP 网络配置值（如 IP 地址、网关、子网掩码），刷新动态主机配置协议（DHCP）和域名系统（DNS）设置。

（2）在 Windows 中，语法格式如下：

ipconfig[/? | /all | /renew[adapter]| /release[adapter]| /flushdns | displaydns | /registerdns | /showclassid adapter | /setclassid adapter[classid]]

表 1-5 给出了 ipconfig 命令各选项的具体含义。

图 1-9   跟踪 www. baidu. com 路由器

表 1-5   ipconfig 命令选项及含义

选项	含 义
/all	显示所有适配器的完整 TCP/IP 配置信息
/renew［adapter］	更新所有适配器（如果未指定适配器）或特定适配器（如果包含了 adapter 参数）的 DHCP 配置
/release［adapter］	发送 DHCP RELEASE 消息到 DHCP 服务器，以释放所有适配器（如果未指定适配器）或特定适配器（如果包含了 Adapter 参数）的当前 DHCP 配置并丢弃 IP 地址配置
/flushdns	刷新并重设 DNS 客户解析缓存的内容
/displaydns	显示 DNS 客户解析缓存的内容，包括从 Local Hosts 文件预装载的记录，以及最近获得的针对由计算机解析的名称查询的资源记录
/registerdns	初始化计算机上配置的 DNS 名称和 IP 地址的手工动态注册
/showclassid adapter	显示指定适配器的 DHCP 类别 ID。要查看所有适配器的 DHCP 类别 ID，请在 Adapter 位置使用通配符即星号（＊）
/setclassid adapter［classid］	配置特定适配器的 DHCP 类别 ID。该参数仅在具有配置为自动获取 IP 地址的适配器的计算机上可用
/?	在命令提示符下显示帮助

ipconfig 命令最适用于配置为自动获取 IP 地址的计算机。它使用户可以确定哪些 TCP/IP 配置值是由 DHCP、自动专用 IP 寻址（APIPA）和其他配置方式设置的。

4. netstat

（1）netstat 命令功能。netstat 命令可以显示当前活动的 TCP 连接、计算机侦听的端口、以太网统计信息、IP 路由表、IPv4 统计信息（对于 IP、ICMP、TCP 和 UDP 协议）以及 IPv6 统计信息（对于 IPv6、ICMPv6、通过 IPv6 的 TCP 以及通过 IPv6 的 UDP 协议）。

（2）在 Windows 中，netstat 命令的语法格式如下：

netstat[-a][-b][-e][-n][-o][-p proto][-r][-s][-v][interval]

表 1-6 给出了 netstat 命令选项的具体含义。

表 1-6　netstat 命令选项及含义

选项	含　义
-a	显示所有连接和监听端口
-b	显示包含于创建每个连接或监听端口的可执行组件
-e	本选项用于显示关于以太网的统计数据
-n	以数字形式表现地址和端口号
-o	显示每个连接的进程 ID
-p proto	显示 proto 指定的协议的连接。proto 可以是下列协议之一：TCP、UDP、TCPv6 或 UDPv6
-s	显示按协议统计信息
-r	显示 IP 路由表的内容
-v	显示正在进行的工作
interval	重新显示选定统计信息，每次显示之间暂停时间间隔（以秒计）
/?	在命令提示符下显示帮助

【例 1-6】netstat 操作实例。要显示所有活动的 TCP 连接以及计算机侦听的 TCP 和 UDP 端口，键盘输入命令：

netstat-an：显示以太网统计信息，如发送和接收的字节数、数据包数。

netstat-e-s：仅显示 TCP 和 UDP 协议的统计信息。

netstat-s-p tcp udp：每 5s 显示一次活动的 TCP 连接和进程 ID。

netstat-o5：以数字形式显示活动的 TCP 连接和进程 ID。

netstat-n-o：netstat 命令的一个重要作用是端口占用查询，据此可以发现本机开放的端口是否被植入了木马或其他黑客程序。

5. route 命令

（1）route 命令功能。使用 route 命令行工具查看并编辑计算机的 IP 路由表。

（2）在 Windows 中，route 命令的语法如下：

route[-f][-p][command[destination][mask netmask][gateway][metric metric][if interface]

表 1-7 给出了 route 命令选项的具体含义。

表 1-7　route 命令选项及含义

选项	含　义
-f	清除所有网关入口的路由表

（续）

选项	含 义
-p	与 add 命令一起使用时使路由具有永久性
command	指定要运行的命令，这些命令可以是 add、change、delete 或 print，其中 add 用于添加路由，change 用于更改现存路由，delete 用于删除路由，print 用于打印路由
destination	指定路由的网络目标地址。目标地址可以是一个 IP 网络地址（其中网络地址的主机地址位设置为 0），对于主机路由是 IP 地址，对于默认路由是 0.0.0.0
mask netmask	指定与网络目标地址相关联的子网掩码
gateway	指定超过由网络目标和子网掩码可达到的地址集的前一个或下一个跃点 IP 地址
metric metric	为路由指定所需跃点数的整数值（范围 1~9999），它用来在路由表里的多个路由中选择与转发包中的目标地址最为匹配的路由
if interface	指定目标可以到达的接口的接口索引
/?	在命令提示符下显示帮助

1.2.4 实验报告要求

1. 按照实验报告格式要求书写实验报告。
2. 描述 ping、tracert、ipconfig、netstat、route 命令的使用方法。

思考题

1. 如果计算机突然上不了网了，该如何查出断网的原因？
2. 在同一局域网中，知道对方计算机的 IP 地址，如何能查出其主机名？

1.3 以太网交换机

1.3.1 实验目的

1. 掌握以太网交换机的定义。
2. 掌握交换机的工作原理。
3. 了解交换机工作特性及冲突域、广播域的基本概念。

1.3.2 实验背景知识

1. 交换机的定义

局域网交换机拥有许多端口，每个端口都有自己的专用带宽，并且可以连接不同的网段。交换机各个端口之间的通信是同时的、并行的，这就大大提高了信息吞吐量。为了进一步提高性能，每个端口还可以只连接一个设备。

2. 交换机的工作原理

交换机根据收到数据帧中的源 MAC 地址建立该地址同交换机端口的映射，并将其写入MAC 地址表中。交换机将数据帧中的目的 MAC 地址同已建立的 MAC 地址表进行比较，以决定由哪个端口进行转发。如数据帧中的目的 MAC 地址不在 MAC 地址表中，则向所有端口转发，这一过程称为泛洪（Flood）。广播帧和组播帧向所有的端口转发。交换机的作用就是存储转发 MAC 帧。

3. 交换机工作特性

（1）交换机的每一个端口所连接的网段都是一个独立的冲突域。

（2）交换机所连接的设备仍然在同一个广播域，也就是说，交换机不隔绝广播（唯一的例外是在配有 VLAN 的环境中）。

（3）交换机依据帧头的信息进行转发，因此说交换机是工作在数据链路层的网络设备（此处所述交换机仅指传统的二层交换设备）。

4. 交换机的分类

依照交换机处理帧时不同的操作模式，主要可分为两类：

存储转发式：交换机在转发之前必须接收整个帧，并进行错误校检，如无错误再将这一帧发往目的地址。帧通过交换机的转发时延随帧长度的不同而变化。

直通式：交换机只要检查到帧头中所包含的目的地址就立即转发该帧，而无须等待帧全部被接收，也不进行错误校验。由于以太网帧头的长度总是固定的，因此帧通过交换机的转发时延也保持不变。

5. 冲突域和广播域

交换机是根据网桥的原理发展起来的，学习交换机先认识两个概念：

（1）冲突域。冲突域是数据必然发送到的区域。集线器是无智能的信号驱动器，有入必出。整个由集线器组成的网络是一个冲突域。

交换机的一个接口下的网络是一个冲突域，所以交换机可以隔离冲突域。

（2）广播域。广播数据时可以发送到的区域是一个广播域。

交换机和集线器对广播帧是透明的，所以用交换机和集线器组成的网络是一个广播域。路由器的一个接口下的网络是一个广播域，所以路由器可以隔离广播域。

6. 交换机的性能

与网桥和集线器相比，交换机从以下几方面改进了性能：

（1）通过支持并行通信，提高了交换机的信息吞吐量。

（2）将传统的一个大局域网上的用户分成若干工作组，每个端口连接一台设备或一个工作组，有效地解决了拥挤现象，这种方法称之为网络微分段技术。

（3）虚拟网（virtual LAN）技术的出现，给交换机的使用和管理带来了更大的灵活性。后面有专门介绍虚拟网的实验。

（4）端口密度可以与集线器相媲美，一般的网络系统都有一个或几个服务器，而绝大部分都是普通的客户机。客户机都需要访问服务器，这样就导致服务器的通信和事务处理能力成为整个网络性能好坏的关键。

思考题

1. 交换机有多少种配置模式？
2. 交换机较集线器改进的地方有哪些？

1.4　路由器

1.4.1　实验目的

1. 了解路由器的定义。
2. 掌握路由的基本种类。
3. 了解路由器的作用和功能。
4. 了解路由器的工作原理。
5. 掌握路由协议的分类。

1.4.2　实验背景知识

1. 路由器的定义

路由器（Router）是连接因特网中各局域网、广域网的设备，它会根据信道的情况自动选择和设定路由，以最佳路径，按前后顺序发送信号。路由器是互联网络的枢纽。目前路由器已经广泛应用于各行各业，各种不同档次的产品已成为实现各种骨干网内部连接、骨干网间互连和骨干网与互联网互连互通业务的主力军。路由器和交换机之间的主要区别就是交换机发生在 OSI 模型第二层（数据链路层），而路由器发生在第三层，即网络层。这一区别决定了路由器和交换机在移动信息的过程中需使用不同的控制信息，所以说两者实现各自功能的方式是不同的。

2. 路由的基本种类

路由器的路由表有两种生成方法：一是手工配置路由表，二是路由器自动生成路由表。按照路由表项目的生成方法，可把路由分为 4 类：

（1）直连路由。直连路由就是与路由器直接相连的网络。这种路由在我们配置好路由器的各个接口时就自动生成了，所以我们可以认为路由器可自动识别与它直接相连的各个网络。

（2）静态路由。这是一种由网管手工配置的路由路径。网管必须了解路由器的拓扑连接，通过手工方式指定路由路径，而且在网络拓扑发生变动时，也需要手工修改路由路径。

（3）默认路由。这也是一种由网管手工配置的路由路径，它使路由器把所有地址不能识别的数据包通过指定的路径发送出去，由其他路由器进行处理。默认路由的目的地址是 0.0.0.0，它可以和任何地址相匹配。0.0.0.0 属于默认路由，也就是本机的网关地址。例如，本机的 IP 地址假设为 192.168.1.10，子网掩码为 255.255.255.0，网关为 192.168.1.254，那么 0.0.0.0 的下一跳就是 192.168.1.254。

（4）动态路由。动态路由是一种通过某种路由协议，由路由器自学习到的路由，它不需要手工配置路由表，而且当网络的拓扑结构发生变化、某一路由器损坏或线路中断等异常情况发生时，路由器会重新计算路由，自动更新路由表，不需人工干预，特别适合大范围网络的路由。

3. 路由器的作用和功能

从过滤网络流量的角度来看，路由器的作用与交换机和网桥非常相似。但是与工作在网络数据链路层的从物理上划分网段的交换机不同，路由器使用专门的软件协议从逻辑上对整个网络进行划分。例如，一台支持 IP 的路由器可以把网络划分成多个子网段，只有指向特殊 IP 地址的网络流量才可以通过路由器。对于每一个接收到的数据包，路由器都会重新计算其校验值，并写入新的物理地址。因此，使用路由器转发和过滤数据的速度往往要比只查看数据包物理地址的交换机慢。但是，对于那些结构复杂的网络，使用路由器可以提高网络的整体效率。路由器的另外一个明显优势就是可以自动过滤网络广播。总体上说，在网络中添加路由器的整个安装过程要比即插即用的交换机复杂很多。

4. 路由器的工作原理

（1）路由器接收来自它连接的某个网站的数据。

（2）路由器将数据向上传递，并且（必要时）重新组合 IP 数据报。

（3）路由器检查 IP 头部中的目的地址，如果目的地址位于发出数据的那个网络，那么路由器就放下被认为已经达到目的地的数据，因为数据是在目的计算机所在网络上传输的。

（4）如果数据要送往另一个网络，那么路由器就查询路由表，以确定数据要转发到的目的地。

（5）路由器确定哪个适配器负责接收数据后，就通过相应的软件传递数据，以便通过网络来传送数据。

5. 路由协议的分类

路由协议是运行在路由器上的协议，主要用来进行路径选择。路由协议从自适应的角度可分为两类：

（1）静态路由协议。指由网络管理员手工配置路由信息。当网络拓扑结构或链路状态发生变化时不能自动更新，需要网络管理员手工去修改路由表中相关的静态路由信息。静态路由一般适用于网络拓扑结构比较简单且不经常变化的网络环境，维护工作量小，也便于网络管理员设置正确的路由信息。但不够灵活，没有自适应性。

（2）动态路由协议。指已经配置了动态路由协议的路由器能够自动建立路由表，当网络拓扑结构或链路状态发生变化时能自动更新路由表。动态路由协议的执行依赖路由器的两个基本功能，即对路由表的维护和路由器之间适时的路由信息交换。灵活的、具有自适应性的动态路由协议的宗旨是为转发的数据报快速寻找一条相对最佳的路由。

动态路由协议又分内部网关协议（IGP）和外部网关协议（EGP）两类。在一个 AS（Autonomous System，自治系统，指一个互连网络，就是把整个 Internet 划分为许多较小的网络单位，这些小的网络有权自主地决定在本系统中应采用何种路由协议）内的路由协议称为内部网关协议（Interior Gateway Protocol），AS 之间的路由协议称为外部网关协议（Exterior Gateway Protocol）。

目前，常用的内部网关协议有两种。其一是距离矢量协议（RIP），主要传递路由信息，通过每隔 30s 广播一次路由表，维护相邻路由器的位置关系，同时根据收到的路由表信息计算自己的路由表信息。RIP 是一个距离矢量路由协议，最大跳数为 15 跳，超过 15 跳的网络则认为目标网络不可达。此协议通常用在网络架构较为简单的小型网络环境。其二是开放最短路径优先协议（OSPF），OSPF 利用所维护的链路状态数据库，通过最短路径优先算法计算得到路由表。OSPF 的收敛速度较快。由于其特有的开放性以及良好的扩展性，目前OSPF 协议在各种网络中被广泛使用。

外部网关协议最初采用的是 EGP。EGP 是为一个简单的树形拓扑结构设计的，随着越来越多的用户和网络加入 Internet，给 EGP 带来了局限性。为了摆脱 EGP 的局限性，IETF 边界网关协议工作组制定了标准的边界网关协议（BGP）。

思考题

1. 路由器的工作原理是什么？
2. 路由器和交换机的区别有哪些？
3. RIP 和 OSFP 各自有哪些特点？

第2章　局域网组网实践

2.1　有线局域网

2.1.1　实验目的

1. 掌握 Windows XP 下 10Base-T 以太网的物理网络组建方法。
2. 掌握相关网络协议、网络组件安装和设置方法。

2.1.2　实验背景知识

计算机局域网是把分布在数千米范围的不同物理位置的计算机设备连在一起，在网络软件的支持下可以相互通信和资源共享的网络系统。通常计算机组网的传输媒介主要是铜缆或光缆。

2.1.3　实验内容

1. 完成物理网络上各个设备的连接。
2. 完成对等局域网的系统配置。

2.1.4　实验环境

1. 装有 RJ45 接头网卡的计算机（2 台以上）。
2. 集线器（Hub）或交换机。
3. 双绞线若干米，RJ45 水晶头若干。

2.1.5　实验步骤

1. 连接设备

每个计算机网卡和集线器之间用一条双绞线连接（直通），如图 2-1 所示。

图 2-1　局域网设备连接

2. 系统设置

以 Windows XP 版为例：

（1）在桌面选择"开始"→"设置"→"网络连接"子菜单，如图 2-2 所示。

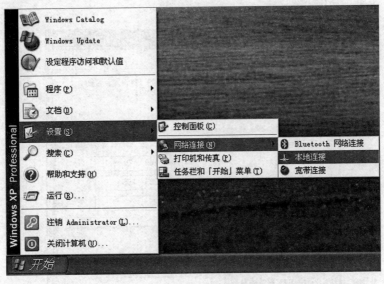

图 2-2　打开"本地连接"

（2）在"网络连接"下的子菜单中右击"本地连接"命令，在弹出的快捷菜单中选择"属性"命令，弹出"本地连接 属性"对话框，在"此连接使用下列项目"列表框中选择"Internet 协议（TCP/IP）"选项，然后单击"确定"按钮，如图 2-3 所示。

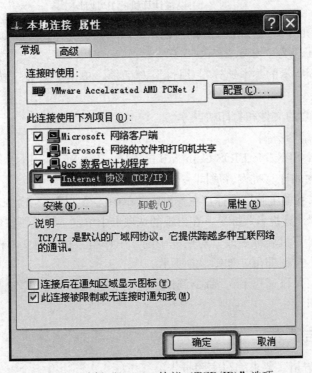

图 2-3　选择"Internet 协议（TCP/IP）"选项

（3）在弹出的"Internet 协议（TCP/IP）属性"对话框中选择"使用下面的 IP 地址"

单选按钮，在"IP 地址"栏输入"192.168.0.1"，"子网掩码"栏输入" 255.255.255.0"，单击"确定"按钮，如图 2-4 所示。

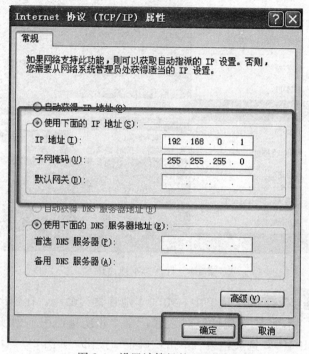

图 2-4 设置计算机的 IP 地址

（4）其余计算机的 IP 地址设置为"192.168.0.2"～"192.168.0.254"范围内的值，不能重复，子网掩码仍为" 255.255.255.0"。

（5）回到图 2-3 所示的"本地连接 属性"对话框，单击"安装"按钮，安装以下服务及协议：

①Microsoft 网络的文件和打印机共享。

②Microsoft 网络客户端。

③NWLink IPX/SPX/NetBIOS Compatible Transport Protocol。

（6）将局域网内的计算机设置成同一个工作组，设置方法如下：

①在桌面右击"我的电脑"图标，在弹出的菜单中选择"属性"命令，在弹出的"系统属性"对话框中单击"计算机名"标签，在出现的选项卡中单击"更改"按钮，如图 2-5 所示。

②在弹出的"计算机名称更改"对话框中的"工作组"栏下的文本框中输入统一的工作组名，单击"确定"按钮即可，如图 2-6 所示。

（7）网络调试。可以通过 ping 命令调试网络是否连通，并测试在"网上邻居"窗口中可否看到其他计算机。

2.1.6 实验报告要求

1. 按照实验报告格式要求编写实验报告。

2. 局域网设备连接方式。

3. Windows XP 版的连接设置过程。

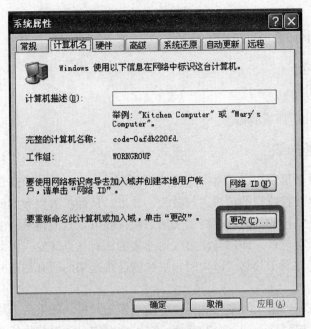

图 2-5　"计算机名"选项卡

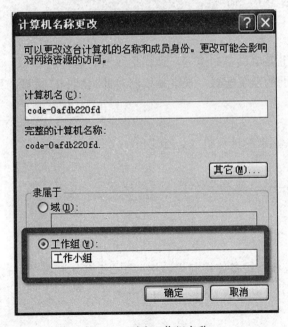

图 2-6　更改工作组名称

思考题

1. 为什么要把局域网内的计算机设置成同一个网段?
2. 将局域网内的计算机设置成不同工作组, 会出现什么情况? 思考工作组的作用。
3. 如何让局域网内的计算机访问共享文件? 如何共享局域网内的打印机?

2.2 集线器构建局域网

2.2.1 实验目的

1. 了解集线器转发数据。
2. 理解冲突域和广播域的概念。

2.2.2 实验背景知识

集线器（Hub）是早期以太网中的主要联机设备，它工作在 OSI 体系结构的物理层。集线器的主要功能是对接收到的信号进行放大、转发，从而扩展以太网的覆盖范围。由于物理层传输的信号是无结构的，因此集线器无法识别接收方，只能将从一个端口接收到的信号放大后复制到其他所有端口，即向与该集线器连接的所有站点转发。因此，使用集线器作为连接设备的以太网仍然属于共享式以太网，集线器连接起来的所有站点共享宽带，属于同一个冲突域和广播域。

冲突域是指在该域内某一时刻只能有一个站点发送数据。如果两个站点同时发送数据会引起冲突，则这两个站点处于同一个冲突域。在以太网中，能够接收任意站点发送的广播帧的所有站点的集合称为一个广播域。

2.2.3 实验内容

1. 完成物理网络上各个设备的连接，观察集线器的运行。
2. 完成对等局域网的系统配置，观察集线器对冲突域和广播域的处理。

2.2.4 实验环境

1. 装有 RJ45 接头网卡的计算机（4 台以上）。
2. 集线器。
3. 双绞线若干米，RJ45 水晶头若干。

2.2.5 实验步骤

1. Hub 组网实验

（1）使用直通双绞线将设备连接起来，按照图 2-7 所示拓扑图进行网络设置。

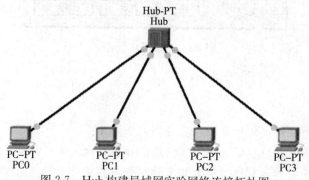

图 2-7　Hub 构建局域网实验网络连接拓扑图

（2）按照表 2-1 进行 IP 地址配置。

（3）用 ping 命令对网络中各主机进行连通性测试。

表 2-1　IP 地址配置

主机名	IP 地址	子网掩码
PC0	192.168.1.1	255.255.255.0
PC1	192.168.1.2	255.255.255.0
PC2	192.168.1.3	255.255.255.0
PC3	192.168.1.4	255.255.255.0

2. 使用 Cisco Packet Tracer 进行模拟组网实验

（1）观察集线器对单播包的处理。进入 Simulation（模拟）模式，设置 Event List Filters（事件列表过滤器）只显示 ICMP 事件。单击 Add Simple PDU（添加简单 PDU）按钮，添加一个 PC0 向 PC2 发送的数据包。单击 Auto Capture/Play（自动捕获/播放）按钮捕获数据，仔细观察数据包发送过程中，集线器向哪些 PC 转发该单播包，以及各 PC 接收到数据包后如何处理该数据包。记录观察结果，以便后续实验进行对比分析。

PC0 向 PC2 发送 Simple PDU 数据包模拟实验过程如图 2-8 所示。可以看出，以 Hub 为核心构建的以太网实验结果验证了只有 PC2 成功接收到 Simple PDU 数据包［图 2-8（a）］，而 PC1 和 PC3 拒绝接收该 Simple PDU 数据包。

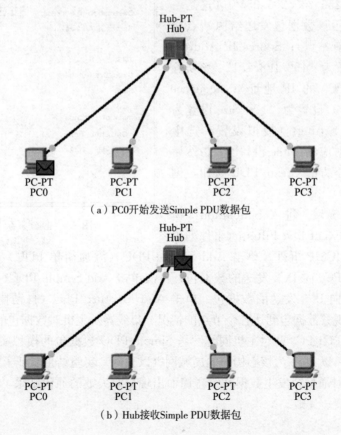

（a）PC0开始发送Simple PDU数据包

（b）Hub接收Simple PDU数据包

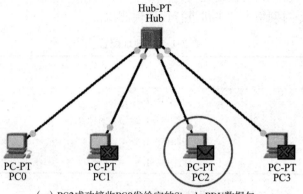

（c）PC2成功接收PC0发给它的Simple PDU数据包

图 2-8　以 Hub 为核心构建的以太网数据包发送过程

（2）观察集线器对广播包的处理。进入 Simulation（模拟）模式，设置 Event List Filters（事件列表过滤器）只显示 ICMP 事件。单击 Add Complex PDU（添加复杂 PDU）按钮，单击 PC0，在弹出的对话框中设置参数：Destination IP Address（目标 IP 地址）设置为"255.255.255.255"（这是一个广播地址，表示该数据包发送给源站点所在广播域内的所有站点）；Source IP Address（源 IP 地址）设置为"192.168.1.1"（该实验拓扑中预设的 PC0 的 IP 地址）；Sequence Number（序列号）设置为"1"；Size 设置为"0"；Simulation Settings（模拟设置）选中"One Shot"，其对应的 Time 设置为 1。然后单击该对话框中下方的 Create PDU 按钮，创建数据包（图 2-9）。

（3）掌握冲突域。进入 Simulation（模拟）模式，设置 Event List Filters（事件列表

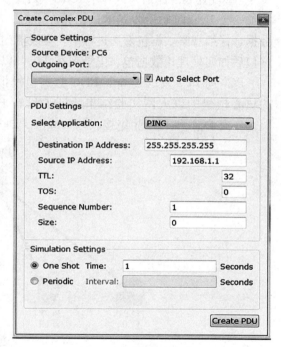

图 2-9　创建复杂 PDU

过滤器）只显示 ICMP 事件。单击 Add Simple PDU（添加简单 PDU）按钮，在拓扑图（图 2-7）中添加 PC0 向 PC2 发送的数据包；再次单击 Add Simple PDU（添加简单 PDU）按钮，添加 PC1 向 PC3 发送的数据包。单击 Auto Capture/Play（自动捕获/播放）按钮，在此过程中仔细观察数据包到达各个节点的情况、集线器及主机对数据包的处理。

PC0-PC2 和 PC1-PC3 两对主机同时发送 Simple PDU 数据包的模拟实验过程如图 2-10 所示。可以看出，以 Hub 为核心构建的局域网（以太网）实验结果验证了 PC0-PC2 和 PC1-PC3 两对主机同时通信会发生数据冲突碰撞而出现双双失败的通信结果。图 2-10 中的图标火苗表示通信冲突、失败。

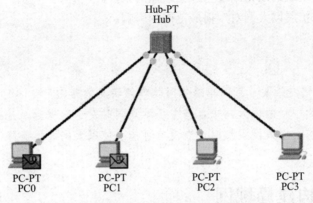

（a）PC0和PC1同时开始发送Simple PDU数据包

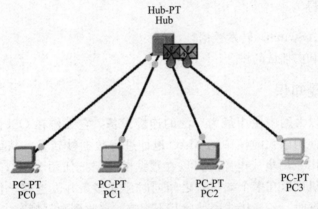

（b）Hub处发生Simple PDU数据包冲突碰撞

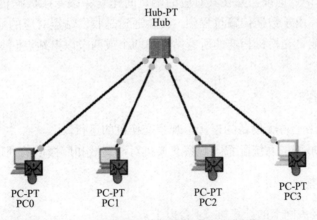

（c）冲突导致两对主机的通信以失败告终

图 2-10　发生数据冲突碰撞而导致通信失败

2.2.6　实验报告要求

1. 描述 Hub 组网过程。
2. 描述以 Hub 为中心的以太网中多个站点同时发送数据的情况。

3. 描述用 Hub 组成的以太网发生冲突碰撞的条件。
4. 描述用 Hub 扩展以太网对广播域范围的影响。

思考题

1. Hub 在接收到发给某节点的单播包时是如何转发数据的？
2. 在以集线器为中心的以太网中，当多个站点同时发送数据时，是否会发生冲突？
3. 使用集线器扩大以太网规模时，有没有可能会使以太网的性能降低？为什么？

2.3　交换机构建局域网

2.3.1　实验目的

1. 了解交换机（Switch）转发数据。
2. 理解冲突域和广播域的概念。

2.3.2　实验背景知识

交换机是目前以太网中使用最为广泛的连接设备，它工作在 OSI 模型的第二层即数据链路层，交换机使用以太网帧中的 MAC 地址进行数据帧转发，从而有效地过滤数据帧。交换机内部使用专用集成电路，可以在数据链路层把任两个端口连接起来，形成专用数据通道。交换机可以在多个端口对之间同时建立多条并发连接，使得与不同端口连接站点同时发送数据时，各连接线路彼此互不影响。接收到数据帧时，交换机读取帧中源 MAC 地址和目标 MAC 地址，并在其对应的端口间建立一条专用数据传输通道，而不是向所有端口转发数据。由于数据传输过程中，传输通道是收发站点对应的端口专用的，所以其他站点不会受到影响，交换机相连的所有站点中两个或两个以上站点同时发送数据不会引起冲突。

2.3.3　实验内容

1. 完成物理网络上各个设备的连接，观察交换机的运行。
2. 完成对等局域网的系统配置，观察交换机对冲突域和广播域的处理。

2.3.4　实验环境

1. 装有 RJ45 接头网卡的计算机（4 台以上）。
2. 交换机 1 台。
3. 双绞线若干米，RJ45 水晶头若干。

2.3.5　实验步骤

1. 交换机组网实验

（1）使用直通双绞线将设备连接起来按照拓扑图（图 2-11）进行网络设置。

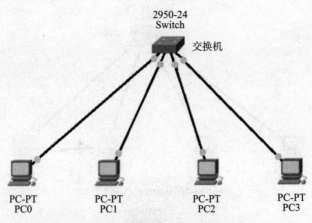

图 2-11　交换机构建局域网实验网络连接拓扑

（2）按照表 2-2 进行 IP 地址配置。

表 2-2　IP 地址配置

主机名	IP 地址	子网掩码
PC0	192.168.1.1	255.255.255.0
PC1	192.168.1.2	255.255.255.0
PC2	192.168.1.3	255.255.255.0
PC3	192.168.1.4	255.255.255.0

（3）用 ping 命令对网络中各主机进行连通性测试。

2. 观察以交换机为中心的以太网中一个站点发送数据的情况

PC0 的参数配置参考 2.2.5 小节中"观察集线器对单播包的处理"段落。

PC0 向 PC2 发送 Simple PDU 数据包模拟实验过程如图 2-12 所示。可以看出，以交换机（Switch）为核心构建的以太网实验结果验证了 PC2 不仅成功接收到 PC0 发给它的 Simple PDU 数据包，且交换机仅向 PC2 一个主机发送 Simple PDU 数据包。

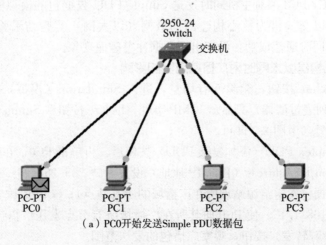

（a）PC0开始发送Simple PDU数据包

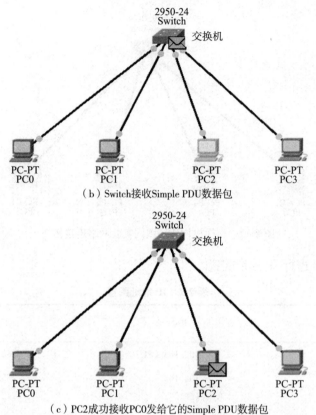

（b）Switch接收Simple PDU数据包

（c）PC2成功接收PC0发给它的Simple PDU数据包

图 2-12　以交换机为核心构建的以太网数据包发送过程

3. 观察以交换机为中心的以太网中多个站点同时发送数据的情况

进入 Simulation（模拟）模式，设置 Event List Filters（事件列表过滤器）只显示 IC-MP 事件。单机 Add Simple PDU（添加简单 PDU）按钮，在拓扑图（图 2-11）中添加 PC0 向 PC2 发送的数据包。再次单击 Add Simple PDU（添加简单 PDU）按钮，添加 PC1 向 PC3 发送的数据包。单击 Auto Capture/Play（自动捕获/播放）按钮，在此过程中仔细观察数据包到达各个节点的情况、交换机及主机对数据包的处理。

PC0-PC2 和 PC1-PC3 两对主机同时发送 Simple PDU 数据包的模拟实验过程如图 2-13 所示。可以看出，以交换机为核心构建的局域网（以太网）实验结果验证了 PC0-PC2 和 PC1-PC3 两对主机同时通信成功。没有出现数据冲突碰撞现象。

4. 观察交换机构建以太网时对广播域范围的影响

单击下方的 Delete 按钮，删除所有场景，进入 Simulation（模拟）模式，设置 Event List Filters（事件列表过滤器）只显示 ICMP 事件。Delete 按钮和 Simulation 按钮如图 2-14 所示。实验参数配置参考图 2-9 即可。

单击 Add Complex PDU（添加复杂 PDU）按钮后，再单击 PC0，在弹出的对话框中设置参数：Destination IP Address（目标 IP 地址）设置为 "255.255.255.255"（这是一个广播地址，表示该数据包发送给源站点所在广播域的所有站点）；Source IP Address（源 IP 地址）设置为 "192.168.1.1"。使 PC0 向其所在广播域所有节点发送广播包。依次单击 Capture/Forward（捕获/转发）按钮，观察广播包的发送范围。

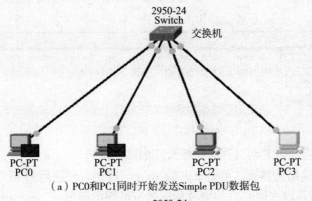

（a）PC0和PC1同时开始发送Simple PDU数据包

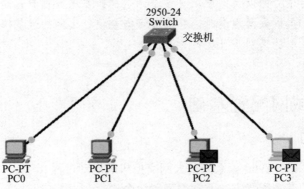

（b）Switch同时收到来自PC0与PC1的Simple PDU数据包

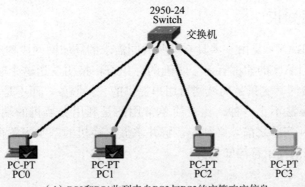

（c）PC2和PC3收到Switch转发的来自PC0与PC1的Simple PDU数据包

（d）PC0和PC1收到来自PC2与PC3的应答响应信息

图 2-13　以交换机为中心的以太网中多个站点同时发送数据的情况

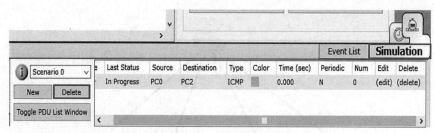

图 2-14　Switch 构建局域网广播通信实验配置图

5. 观察交换机构建以太网时对冲突域及广播域的影响

参考图 2-14 实验配置界面，单击下方的 Delete 按钮，删除所有场景。参照步骤 3 和步骤 4，观察交换机构建以太网时对冲突域和广播域范围的影响。

2.3.6　实验报告要求

1. 描述交换机组网过程。
2. 描述以交换机为中心的以太网中多个站点同时发送数据的情况。
3. 描述用交换机扩展以太网对广播域范围的影响。

思考题

1. 交换机在接收到发给某站节点的单播包时是如何转发数据的？
2. 在以交换机为中心的以太网中，当多个站点同时发送数据时，是否会发生冲突？
3. 使用交换机扩展以太网规模时，有没有可能会使以太网的性能降低？为什么？
4. 交换机和集线器的区别是什么？

2.4　虚拟局域网配置基础

2.4.1　实验目的

1. 掌握 Cisco C2950/2960 等系列以太网交换机的启动过程。
2. 掌握交换机的基本配置方法及常用配置命令。

2.4.2　实验背景知识

虚拟局域网（VLAN）是由一些具有某些共同需求的局域网网段构成的与物理位置无关的逻辑组。每一个 VLAN 的帧都有一个明确的标识符，指明发送这个帧的工作站属于哪一个 VLAN。虚拟局域网其实只是局域网给用户提供的一种服务，而不是一种新型局域网。

划分 VLAN 的方法不止一种，比较简单常用的是利用交换机的端口来划分 VLAN 成员。因此在做 VLAN 实验之前，必须先了解并掌握交换机的基本配置命令、参数、配置步骤以及不同工作状态的提示符等知识。

2.4.3　实验内容

1. 学习 Cisco C2950/2960 等系列交换机的启动和基本设置的操作。

2. 熟悉交换机的开机画面。

3. 对交换机进行基本命令的配置。

4. 理解交换机的端口、编号及配置。

2.4.4　实验环境

由于交换机没有输入输出设备，因此需通过 Console 电缆把 PC 的 COM 端口和交换机的 Console 端口连接起来，使该 PC 成为交换机的控制台（也叫超级终端）以便进行交换机配置命令的输入输出等工作。具体连接方法如图 2-15 所示。

图 2-15　PC 作为交换机的控制台

1. 准备 PC 1 台，操作系统为 Windows 系列即可。

2. 准备 Cisco C2950/2960 系列交换机 1 台。

3. Console 电缆 1 条。

2.4.5　实验步骤

1. 串口管理

用超级终端对交换机进行配置是网络工程中配置交换机最基本、最常用的方法。所谓超级终端，就是通过串口（COM 端口）连接 Console 电缆到交换机的 Console 端口的一台 PC。对交换机进行配置的过程都是通过在超级终端上执行相关的命令实现的。

（1）通过 Console 电缆把 PC 的 COM 端口和交换机的 Console 端口连接起来。

（2）启动 Windows 操作系统自带的超级终端程序，选择通信串口（COM1 或 COM2）。

（3）超级终端程序的 COM 端口参数设置如图 2-16 所示。

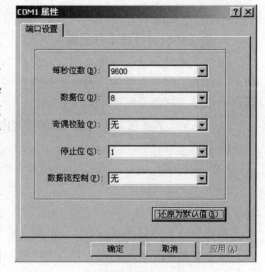

图 2-16　超级终端 COM 端口参数

2. 交换机的启动

仔细观察交换机启动过程的信息（该信息依据使用的交换机以及型号不同，会有差别）：

C2960 Boot Loader（C2960-HBOOT-M）Version 12.2（25r）FX，RELEASE SOFTWARE（fc4）

Cisco WS-C2960-24TT（RC32300）processor（revision C0）with 21039K bytes of memory.

2960-24TT starting…

Base ethernet MAC Address：00：01：C9：35：B0：56

Xmodem file system is available.

Initializing Flash…

直到看到如图 2-17 所示窗口的提示符"Switch>"(按一次到若干次回车键)为止,表明超级终端启动成功,初始化完成,可以使用命令进行交换机的配置了。

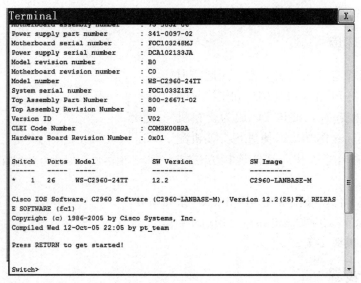

图 2-17　超级终端启动界面

3. 对交换机进行基本的配置

执行不同的命令要匹配不同的命令提示符,而不同的命令提示符状态是执行对应命令的结果。以下是几个常见的交换机配置命令提示符状态和常用的基本配置命令。为方便理解记忆,命令提示符部分均用下画线表示。

(1)一般模式状态。就是交换机的初始化启动界面,也称为普通用户模式,提示符是">":

Switch>

(2)特权模式状态。执行 enable 命令到特权模式,提示符是"#":

Switch>enable

Switch #

特权模式下可以通过执行 show 命令进行相关查询浏览。如浏览路由表、VLAN 表等。

(3)全局配置模式状态。执行 config terminal 命令到全局配置模式,提示符是"(config)#":

Switch # config terminal

Switch(config)#

在全局配置模式下,可以执行如"端口参数配置"等很多重要的交换机配置命令。

(4)回退命令。有两个回退命令 exit 和 end。exit 命令是从当前命令状态回退到前一步状态。如果需要回退多步,就要多次执行 exit 命令。end 命令是一步回退到特权用户模式状态,即回退到"Switch #"提示符状态。

(5)查看交换机启动配置信息命令。

Switch # show running-config

(6)保存更改到启动配置文件命令。

Switch # copy running-config start-config

（7）单个端口配置的若干基本命令。例如，要配置第 10 个端口的速率是 100Mb/s 以及全双工模式，命令系列如下：

Switch ♯ config terminal

Switch（config）♯ interface fastethernet0/10　　//简化命令为 int f0/10

Switch（config-if）♯ speed 100

Switch（config-if）♯ dupex full

Switch（config-if）♯ end

Switch ♯

（8）选择一组连续端口命令。

Switch（config）♯ interface range fastethernet0/1-15　//对 1～15 号端口统一配置

Switch（config-if-range）♯

（9）查看端口状态系列命令。

Switch ♯ show int f0/10　　　　　　//显示 10 号端口的配置

Switch ♯ show int f0/10 status　　　//显示 10 号端口的状态和错误

Switch ♯ show mac-address-table　　//显示交换机上的 MAC 地址表

配置交换机的每一个命令都可以简化，只要简化后的命令依然保持唯一性，和别的命令能区分即可。例如，命令 show interface fastethernet0/10 可以简化成 show int f0/10。

2.4.6　实验报告要求

1. 描述配置超级终端与交换机的通信过程。
2. 描述交换机基本参数配置过程。
3. 描述交换机端口参数配置过程。
4. 查询浏览配置后的交换机各端口信息。

思考题

1. 交换机有多少种配置模式？
2. 显示交换机所有配置信息用哪条命令？

2.5　虚拟局域网实验

2.5.1　实验目的

1. 理解虚拟局域网（VLAN）的工作原理。
2. 了解 VLAN 技术在交换式以太网中的使用。
3. 理解 VLAN 技术在数据链路层隔离广播域的作用。

2.5.2　实验背景知识

VLAN 技术用在交换机上，它是在 OSI 模型第二层即数据链路层分割广播域的技术。

在实际应用中，使用 VLAN 技术可以把同一物理局域网内的不同用户划分为不同的逻辑工作组，每个 VLAN 即一个独立的广播域。每一个 VLAN 都包含一组有着相同需求的工作站（如学校内同一院系使用的工作站），VLAN 技术将广播帧的传播范围限定在一个 VLAN 内。当局域网规模较大时，可以根据实际情况划分出多个 VLAN 来控制广播帧的传播范围，从而有效避免"广播风暴"的出现，提高网络性能。划分 VLAN 后，同一 VLAN 内的站点可以直接通信，不同 VLAN 内的站点则需要通过第三层交换设备路由器才能通信。

2.5.3　实验内容

1. 观察测试划分 VLAN 前，交换机对广播包的处理。
2. 在一个交换机上划分两个 VLAN，并将交换机端口分别配置到不同 VLAN 中。
3. 观察测试划分 VLAN 后，交换机对广播包的处理。
4. 在两个（或更多）相连的交换机上划分 VLAN，并观察测试不同交换机的 VLAN 之间数据通信情况。

2.5.4　实验环境

1. 计算机若干台。
2. 交换机至少 2 台。
3. 双绞线若干米，RJ45 水晶头若干。

2.5.5　实验步骤

（一）一个交换机上划分 VLAN 的实验

1. 完成如图 2-13 所示局域网拓扑结构连接，并给各主机配置网络参数

图 2-13 中的超级终端并不是局域网中的主机，因此只需通过其串口（COM 端口）连接 Console 电缆到交换机的 Console 端口即可。图 2-18 中以太网各主机 PC0 ～ PC3 的网络参数配置见表 2-3，其中的 VLAN 号是交换机进行 VLAN 划分前的初始值。

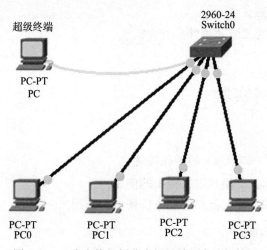

图 2-18　一个交换机划分虚拟局域网实验拓扑图

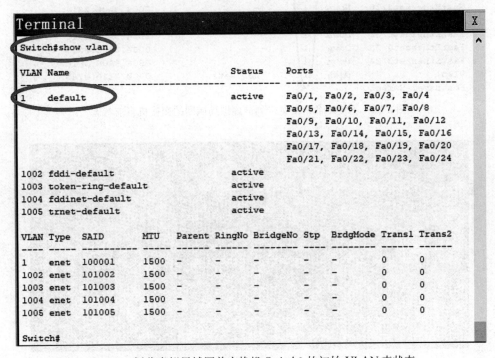

表 2-3　以太网各主机的网络参数配置

交换机端口号	主机名	IP 地址	子网掩码	初始 VLAN 号
1	PC0	192.168.1.1	255.255.255.0	1
2	PC1	192.168.1.2	255.255.255.0	1
3	PC2	192.168.1.3	255.255.255.0	1
4	PC3	192.168.1.4	255.255.255.0	1

2. 观察划分 VLAN 前交换机对广播包的处理

（1）初始化超级终端到交换机 Switch0 的普通配置模式"Switch ＞"。

（2）执行 enable 命令到交换机 Switch0 的特权配置模式"Switch ＃"。

（3）在特权模式下执行 show 命令，浏览交换机 Switch0 的初始 VLAN 表，如图 2-19 所示。

Switch ＃ show vlan

图 2-19　划分虚拟局域网前交换机 Switch0 的初始 VLAN 表状态

也可以在虚拟网络实验环境中将鼠标划到交换机上浏览其当前的状态，如图 2-20 所示。图 2-19 和图 2-20 显示的结果大致相同，表示交换机 Switch0 的 24 个端口当前都属于默认的 1 号 VLAN（VLAN1）。但图 2-20 还显示出该交换机的 24 个端口对应的 MAC 地址，以及当前 4 个主机（PC0 ～ PC3）接在了交换机端口 FastEthernet0/1 ～ FastEthernet0/4（可以简写为 Fa0/1～Fa0/4）上，这 4 个交换机端口的 Link 属性呈 Up（在线）状态。

（4）在 PC0 ～PC3 中间随便选择两个主机，用 ping 命令测试连通性。如选择在 PC1 和 PC2 之间测试，结果如图 2-21 所示。说明两个主机 PC1 和 PC2 在一个广播域。

```
Port                 Link   VLAN   IP Address      MAC Address
FastEthernet0/1      Up     1      --              0004.9A0C.2301
FastEthernet0/2      Up     1      --              0004.9A0C.2302
FastEthernet0/3      Up     1      --              0004.9A0C.2303
FastEthernet0/4      Up     1      --              0004.9A0C.2304
FastEthernet0/5      Down   1      --              0004.9A0C.2305
FastEthernet0/6      Down   1      --              0004.9A0C.2306
FastEthernet0/7      Down   1      --              0004.9A0C.2307
FastEthernet0/8      Down   1      --              0004.9A0C.2308
FastEthernet0/9      Down   1      --              0004.9A0C.2309
FastEthernet0/10     Down   1      --              0004.9A0C.230A
FastEthernet0/11     Down   1      --              0004.9A0C.230B
FastEthernet0/12     Down   1      --              0004.9A0C.230C
FastEthernet0/13     Down   1      --              0004.9A0C.230D
FastEthernet0/14     Down   1      --              0004.9A0C.230E
FastEthernet0/15     Down   1      --              0004.9A0C.230F
FastEthernet0/16     Down   1      --              0004.9A0C.2310
FastEthernet0/17     Down   1      --              0004.9A0C.2311
FastEthernet0/18     Down   1      --              0004.9A0C.2312
FastEthernet0/19     Down   1      --              0004.9A0C.2313
FastEthernet0/20     Down   1      --              0004.9A0C.2314
FastEthernet0/21     Down   1      --              0004.9A0C.2315
FastEthernet0/22     Down   1      --              0004.9A0C.2316
FastEthernet0/23     Down   1      --              0004.9A0C.2317
FastEthernet0/24     Down   1      --              0004.9A0C.2318
Vlan1                Down   1      <not set>       000B.BE20.876D
Hostname: Switch
```

图 2-20 不使用命令浏览未划分虚拟局域网的交换机当前状态

```
PC>ping 192.168.1.3

Pinging 192.168.1.3 with 32 bytes of data:

Reply from 192.168.1.3: bytes=32 time=11ms TTL=128
Reply from 192.168.1.3: bytes=32 time=11ms TTL=128
Reply from 192.168.1.3: bytes=32 time=20ms TTL=128
Reply from 192.168.1.3: bytes=32 time=13ms TTL=128

Ping statistics for 192.168.1.3:
    Packets: Sent = 4, Received = 4, Lost = 0 (0% loss),
Approximate round trip times in milli-seconds:
    Minimum = 11ms, Maximum = 20ms, Average = 13ms
```

图 2-21 划分 VLAN 前使用 ping 命令测试 PC1 和 PC2 的连通性

3. 使用相关命令在交换机 Switch0 上划分两个 VLAN，并将端口配置到不同 VLAN 内

Switch0＞enable
Switch0＃vlan database
Switch0（vlan）＃ vlan 10 name work10   //设计序号为 10 的 VLAN
Switch0（vlan）＃ vlan 20 name work20   //设计序号为 20 的 VLAN
Switch0（vlan）＃ exit
Switch0＃ show vlan   //显示交换机当前的 VLAN 表

show vlan 命令的执行结果如图 2-22 所示。

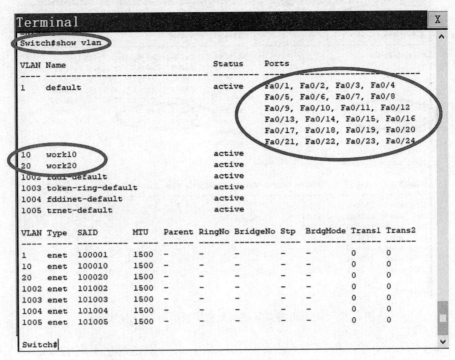

图 2-22　Switch0 未分配交换机端口到虚拟局域网 10、20 的 VLAN 表状态

通过图 2-22 可以看出，即使已经自定义设计了序号为 10 和 20 的两个 VLAN，但是目前交换机 Switch0 的所有 24 个端口依然在默认序号为 1 的 VLAN 中，因此要继续执行相关命令划分交换机的端口到 VLAN 10 和 VLAN 20 中。对交换机端口进行配置时必须进入全局配置模式。后续配置命令如下：

Switch0 # config terminal　　　　　　　　　　　//进入全局配置模式
Switch0 （config）# interface fa0/1　　　　　　　//选择交换机的端口 1
Switch0 （config-if）# switchport access vlan 10　　//配置 1 号端口进入 VLAN 10
Switch0 （config-if）# int fa0/2　　　　　　　　　//简化命令
Switch0 （config-if）# swi ac vlan 10　　　　　　　//简化命令
Switch0 （config-if）# int fa0/3
Switch0 （config-if）# swi ac vlan 20
Switch0 （config-if）# int fa0/4
Switch0 （config-if）# swi ac vlan 20　　　　　　　//配置 4 号端口进入 vlan 20
Switch0 （config-if）# end
Switch0 # show vlan

命令执行结果如图 2-23 所示。可以看出，Switch0 的 1～2 端口分配到 VLAN 10 中，而 3～4 端口分配到 VLAN 20 中。

4. 观察划分 VLAN 后，交换机对广播包的处理

继续选择在 PC1 和 PC2 之间进行测试，结果如图 2-24 所示。说明由于划分了 VLAN，

```
Terminal                                                          X
Switch#show vlan

VLAN Name                          Status   Ports
---- ------------------------      -------  -----------------------
1    default                       active   Fa0/5, Fa0/6, Fa0/7, Fa0/8
                                            Fa0/9, Fa0/10, Fa0/11, Fa0/12
                                            Fa0/13, Fa0/14, Fa0/15, Fa0/16
                                            Fa0/17, Fa0/18, Fa0/19, Fa0/20
                                            Fa0/21, Fa0/22, Fa0/23, Fa0/24

10   work10                        active   Fa0/1, Fa0/2
20   work20                        active   Fa0/3, Fa0/4
1002 fddi-default                  active
1003 token-ring-default            active
1004 fddinet-default               active
1005 trnet-default                 active

VLAN Type SAID      MTU   Parent RingNo BridgeNo Stp  BrdgMode Trans1 Trans2
---- ---- --------- ----- ------ ------ -------- ---- -------- ------ ------
1    enet 100001    1500  -      -      -        -    -        0      0
10   enet 100010    1500  -      -      -        -    -        0      0
20   enet 100020    1500  -      -      -        -    -        0      0
1002 enet 101002    1500  -      -      -        -    -        0      0
1003 enet 101003    1500  -      -      -        -    -        0      0
1004 enet 101004    1500  -      -      -        -    -        0      0
1005 enet 101005    1500  -      -      -        -    -        0      0

Switch#
```

图 2-23　Switch0 虚拟局域网配置完成后的 VLAN 表状态

而 PC1（属于 VLAN 10）和 PC2（属于 VLAN 20）又分别在两个不同的 VLAN 中，因此两个主机 PC1 和 PC2 已经不在一个广播域中，即 PC1 和 PC2 之间无法连通，已经不能进行通信了。验证结论是只有在一个 VLAN 中的主机才能彼此通信。读者可以自测一下 PC0 和 PC1、PC2 和 PC3 之间的连通性。

```
PC>ping 192.168.1.3

Pinging 192.168.1.3 with 32 bytes of data:

Request timed out.
Request timed out.
Request timed out.
Request timed out.

Ping statistics for 192.168.1.3:
    Packets: Sent = 4, Received = 0, Lost = 4 (100% loss),
```

图 2-24　划分 VLAN 后使用 ping 命令测试 PC1 和 PC2 的连通性

交换机 Switch0 完成 VLAN 划分后，以太网中各主机的 VLAN 号变化如表 2-4 所示。

表 2-4　Switch0 划分 VLAN 后以太网各主机所属的 VLAN 号

交换机端口号	主机名	IP 地址	子网掩码	VLAN 号
1	PC0	192.168.1.1	255.255.255.0	10
2	PC1	192.168.1.2	255.255.255.0	10
3	PC2	192.168.1.3	255.255.255.0	20
4	PC3	192.168.1.4	255.255.255.0	20

（二）两个（至少）互连的交换机划分 VLAN 实验

1. 完成扩展局域网拓扑结构连接，给各主机配置网络参数并对交换机进行 VLAN 划分

该实验拓扑结构可以在图 2-13 的基础上拓展完成。两个交换机互连，实质上是局域网的扩展。由交换机 Switch0 为核心组建的以太网和由交换机 Switch1 为核心组建的以太网彼此互连扩展成一个主机数更多的以太网，扩展后的以太网拓扑结构如图 2-25 所示。若仅实现新增加的交换机 Switch1 的 VLAN 划分，则和交换机 Switch0 的划分过程和步骤是一样的。但如果某 VLAN 的成员分别在两个交换机上，是否可以直接通信呢？所以本实验的重点是要解决跨交换机进行 VLAN 划分和通信的问题，即如何让不在一个交换机上的属于同一个 VLAN 的成员彼此通信的网络配置问题。

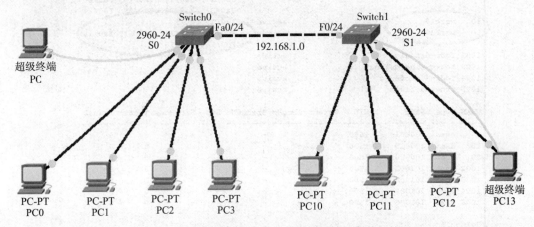

图 2-25　两个互联的交换机划分虚拟局域网实验拓扑图

划分 VLAN 之前，需先分别测试每一个交换机上的主机通信和跨交换机的主机通信情况。比如正确配置网络参数后主机 PC2 和 PC13 之间一定是连通状态（测试命令和结果略）。

（1）交换机 Switch0 的 VLAN 划分、参数配置和测试过程同前。

（2）交换机 Switch1 的 VLAN 划分、参数配置和测试过程参考 Switch0 的操作步骤和命令。完成 VLAN 划分后，以 Switch1 为核心的以太网中各主机的网络参数配置和 VLAN 号变化如表 2-5 所示。

表 2-5　划分 VLAN 后 Switch1 以太网各主机的网络参数配置和 VLAN 号

交换机端口号	主机名	IP 地址	子网掩码	VLAN 号
1	PC10	192.168.1.11	255.255.255.0	10
2	PC11	192.168.1.12	255.255.255.0	10
11	PC12	192.168.1.13	255.255.255.0	20
15	PC13	192.168.1.14	255.255.255.0	20

注意：交换机 Switch1 的端口号并不一定连续被主机使用，可以随机选择。Switch1 所管控的以太网中各主机的 IP 地址也不一定连续编号，但必须和 Switch0 所管控的以太网网络号（192.168.1.0）保持一致才符合局域网扩展的规则。

另外，交换机 Switch1 的超级终端（PC13）同时还是以太网中的一台主机，所以，

PC13 除了通过其串口（COM 端口）连接 Console 电缆到交换机 Switch1 的 Console 端口外，还通过其网络适配器上的 RJ45 接口连接双绞线到交换机 Switch1 的第 15 个 RJ45 端口。通过交换机 Switch1 的超级终端（PC13）执行命令浏览到各端口的当前状态和 VLAN 的划分情况如图 2-26 所示。

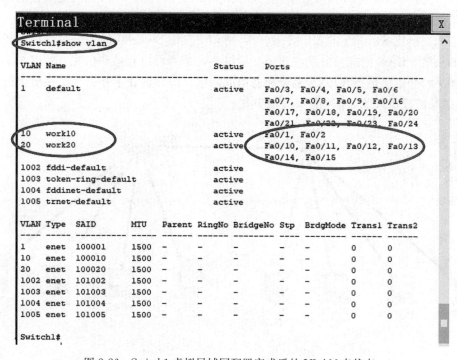

图 2-26　Switch1 虚拟局域网配置完成后的 VLAN 表状态

从图 2-26 看出交换机 Switch1 的第 10 至第 15 端口都被配置到 vlan20 中，但实际只有第 11 端口和第 15 端口连接了主机，这是允许的。图 2-27 是在虚拟网络实验环境中通过鼠标划过 Switch1 看到的交换机当前状态。其中交换机端口的 Link 属性呈 Up（在线）状态的即为已经连接了主机的端口。

（3）主机 PC13 和 PC2 的连通性测试结果如图 2-28 所示。可以看出两个主机目前是非连通状态，说明它们不在一个广播域。但 PC13 是交换机 Switch1 中 vlan20 的成员，而 PC2 是交换机 Switch0 中 vlan20 的成员，这两个 PC 在扩展以太网相同编号的 VLAN 中为什么不能连通？进行 VLAN 划分前，这两个 PC 为什么能连通？问题就出在 VLAN 号相同的成员 PC2 和 PC13 跨越交换机了。

2. 分别对交换机 Switch0 和 Switch1 进行 VLAN 的 TRUNK 模式配置

从图 2-27 中可以看到 Switch1 的 Fa0/24 端口呈 Up 状态，但这个端口并没有连接主机。图 2-25 所示的扩展局域网拓扑图中可以看出，该端口通过双绞线和另一个交换机 Switch0 的 Fa0/24 端口互连（本实验两个交换机互连都使用第 24 端口纯属巧合）。连接两个交换机的这根双绞线称为中继线或者干线，标记为 TRUNK。特别强调，连接两个交换机的双绞线线序是交叉线序（568A-568B），和交换机连接计算机的双绞线线序（直通线）是不一样的。

（1）交换机 Switch0 的 TRUNK 模式配置。

Switch0（config-if）# int fa0/24

Switch0（config-if）♯ swi mode trunk　　　　　　//设置第 24 端口为干线模式

Switch0（config-if）♯ swi trunk allowed vlan add 10　　//允许 vlan 10 成员通过干线通信

Switch0（config-if）♯ swi trunk allowed vlan add 20

Switch0（config-if）♯ end

Switch0♯ show vlan

（2）交换机 Switch1 的 TRUNK 模式配置过程如图 2-27 所示，并在配置 TRUNK 模式前使用 ping 命令测试 PC13 和 PC2 的连通性，结果如图 2-28 所示。

```
Port              Link    VLAN   IP Address      MAC Address
FastEthernet0/1  →Up      10     --              00D0.BA5C.D501
FastEthernet0/2  →Up      10     --              00D0.BA5C.D502
FastEthernet0/3   Down    1      --              00D0.BA5C.D503
FastEthernet0/4   Down    1      --              00D0.BA5C.D504
FastEthernet0/5   Down    1      --              00D0.BA5C.D505
FastEthernet0/6   Down    1      --              00D0.BA5C.D506
FastEthernet0/7   Down    1      --              00D0.BA5C.D507
FastEthernet0/8   Down    1      --              00D0.BA5C.D508
FastEthernet0/9   Down    1      --              00D0.BA5C.D509
FastEthernet0/10  Down    20     --              00D0.BA5C.D50A
FastEthernet0/11 →Up      20     --              00D0.BA5C.D50B
FastEthernet0/12  Down    20     --              00D0.BA5C.D50C
FastEthernet0/13  Down    20     --              00D0.BA5C.D50D
FastEthernet0/14  Down    20     --              00D0.BA5C.D50E
FastEthernet0/15 →Up      20     --              00D0.BA5C.D50F
FastEthernet0/16  Down    1      --              00D0.BA5C.D510
FastEthernet0/17  Down    1      --              00D0.BA5C.D511
FastEthernet0/18  Down    1      --              00D0.BA5C.D512
FastEthernet0/19  Down    1      --              00D0.BA5C.D513
FastEthernet0/20  Down    1      --              00D0.BA5C.D514
FastEthernet0/21  Down    1      --              00D0.BA5C.D515
FastEthernet0/22  Down    1      --              00D0.BA5C.D516
FastEthernet0/23  Down    1      --              00D0.BA5C.D517
FastEthernet0/24 →Up      1      --              00D0.BA5C.D518
Vlan1             Down    1      <not set>       00E0.8F5D.8646
Hostname: Switch1
```

图 2-27　不使用命令浏览已划分虚拟局域网的 Switch1 当前状态

```
PC>ping 192.168.1.3

Pinging 192.168.1.3 with 32 bytes of data:

Request timed out.
Request timed out.
Request timed out.
Request timed out.

Ping statistics for 192.168.1.3:
    Packets: Sent = 4, Received = 0, Lost = 4 (100% loss),
```

图 2-28　配置 TRUNK 模式前使用 ping 命令测试 PC13 和 PC2 的连通性

Switch1（config-if）♯ int fa0/24

Switch1（config-if）♯ swi mode trunk

Switch1（config-if）♯ swi trunk allowed vlan add 10

Switch1（config-if）♯ swi trunk allowed vlan add 20

Switch1（config-if）♯ end

Switch1♯ show vlan

3. 测试跨交换机的同一 VLAN 成员通过 TRUNK 通信

（1）主机 PC13 和 PC2 的连通性测试结果如图 2-29 所示。经过对 TRUNK 的配置，两个不同交换机上同属于 VLAN10 的成员 PC13 和 PC2 可以连通。实验证明 VLAN 是可以跨交换机划分广播域的。

```
PC>ping 192.168.1.3

Pinging 192.168.1.3 with 32 bytes of data:

Reply from 192.168.1.3: bytes=32 time=15ms TTL=128
Reply from 192.168.1.3: bytes=32 time=16ms TTL=128
Reply from 192.168.1.3: bytes=32 time=18ms TTL=128
Reply from 192.168.1.3: bytes=32 time=15ms TTL=128

Ping statistics for 192.168.1.3:
    Packets: Sent = 4, Received = 4, Lost = 0 (0% loss),
Approximate round trip times in milli-seconds:
    Minimum = 15ms, Maximum = 18ms, Average = 16ms
```

图 2-29　配置 TRUNK 模式后使用 ping 命令测试 PC13 和 PC2 的连通性

（2）主机 PC13 和 PC10 的连通性测试结果如图 2-30 所示。实验证明即使是一个物理网段（原来是同一个广播域）的主机，在划分虚拟局域网后如果不在同一个 VLAN 中，就不属于一个广播域且无法连通了。

```
PC>ping 192.168.1.11

Pinging 192.168.1.11 with 32 bytes of data:

Request timed out.
Request timed out.
Request timed out.
Request timed out.

Ping statistics for 192.168.1.11:
    Packets: Sent = 4, Received = 0, Lost = 4 (100% loss),
```

图 2-30　使用 ping 命令测试不在同一个 VLAN 中的主机 PC13 和 PC10 的连通性

（三）交换机划分 VLAN 的其他常用命令

1. 从 VLAN 中删除交换机端口命令

Switch0（config）♯ interface fa0/1

Switch0（config-if）♯ no switchport access vlan 10

Switch0（config-if）♯ end

Switch0 ♯　show vlan

2. 把某个交换机的 TRUNK 从 VLAN 中删除（假设 fa0/24 就是 trunk 端口）

Switch0 ♯　show interface trunk

Switch0 （config-if）♯　int fa0/24

Switch0 （config-if）♯　swi mode trunk

Switch0 （config-if）♯　swi trunk allowed vlan remove 10

Switch0 （config-if）♯　swi trunk allowed vlan remove 20

Switch0 （config-if）♯　end

Switch0 ♯　show interface trunk

Switch0 ♯　show vlan

3. 删除 VLAN

先把该 VLAN 中的所有端口删除，包括 TRUNK 中也要删除该 VLAN，然后再执行如下的删除命令：

Switch0 （vlan）♯　no vlan 10

Switch0 （vlan）♯　exit

Switch0 ♯　show vlan

2.5.6　实验报告要求

1. 描述划分 VLAN 前和划分 VLAN 后交换机对广播包的处理过程。

2. 描述在一个交换机上建立两个 VLAN，并将端口划分到不同 VLAN 中的过程。

3. 描述在扩展局域网的不同交换机上建立相同 VLAN，划分端口以及配置 TRUNK 的过程。

思考题

1. 思考划分 VLAN 后，交换机对广播包的处理方式。

2. 思考在局域网中划分 VLAN 的作用。

3. 思考在扩展局域网中划分 VLAN 的注意事项。

第*3*章 常用计算机网络协议实践

本章对路由器进行的各种配置也需要超级终端（PC 的专用进程）的辅助才能执行相关命令。路由器超级终端的连接、启动、初始化、基本命令、命令状态提示符等与交换机类似，参考第 2 章的 2.4 小节交换机配置的相关内容即可，此处不再赘述。

3.1 配置 PPP 和 X.25 协议

3.1.1 实验目的

1. 掌握 PPP 协议（点到点协议）的基本配置与验证。
2. 掌握 X.25 协议的基本配置与验证。

3.1.2 实验背景知识

PPP 协议是用于在点对点线路上传输数据的数据链路层协议，具备用户验证能力，支持多种网络协议和地址分配，是目前广域网应用最广泛的协议之一。PPP 解决了链路建立、维护、拆除、上层协议协商、认证等问题。协议包括链路控制协议（LCP）、网络控制协议（NCP）、认证协议 PAP 和 CHAP。其中，LCP 负责创建、维护或者终止一次物理连接，NCP 负责解决物理连接上运行什么网络协议，以及解决上层网络协议发生的问题。

X.25 协议采用分层的体系结构，自下而上分为三层，即物理层、数据链路层和分组层，分别对应于 OSI 模型的下三层。各层在功能上相互独立，每一层接受下一层提供的服务，同时也为上一层提供服务，相邻层之间通过原语进行通信。在接口的对等层之间通过对等层之间的通信协议进行信息交换的协商、控制和信息的传输。X.25 协议是标准化的接口协议，任何要接入分组交换网的终端设备必须在接口处满足协议的规定。由于 X.25 数据链路层采用的是 LAPB 协议，所以 X.25 数据链路层只提供点对点的链路方式。

3.1.3 实验内容

1. PPP 协议的两种验证方式（CHAP 和 PAP）的配置。
2. X.25 协议的基本配置与验证。
3. 查看接口及 X.25 相关信息。

3.1.4 实验环境

PPP 协议验证和 X.25 协议验证的拓扑图相同，如图 3-1 所示，参数配置也相同。
1. 准备 PC 1 台，准备 Cisco 路由器 2 台，分别为 R1 和 R2。

2. WIC-1T 模块 2 个。

3. DTE 电缆 1 条，DCE 电缆 1 条。

4. Console 电缆 1 条，通过 Console 电缆把 PC 的 COM 端口和路由器的 Console 端口连接起来，配置路由器。

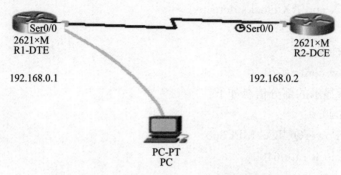

图 3-1　PPP 协议验证和 X.25 协议验证的拓扑图

3.1.5　实验步骤

1. PPP 协议验证过程

其中路由器 R1 为 DTE，R2 为 DCE。

（1）R1 的配置过程。

Router> enable　　　　　　　　// 执行 enable 命令后，路由器配置环境进入特权模式

Router# config terminal　　　　// 执行该命令后，路由器配置环境进入全局配置模式

Router（config）# int s0/0　　　// 选择路由器接口 s0/0，int 是 interface 命令的简写

Router（config-if）# ip add 192.168.0.1 255.255.255.0　　// ip add 是 ip address 的简写

Router（config-if）# encap ppp　　//展开为 encapsulation ppp，功能是封装成 ppp 帧

Router（config-if）# ppp authentition chap　　//chap 全称是 PPP 询问握手认证协议

Router（config-if）# no shutdown　　　　//激活该路由器接口（端口）

Router（config-if）# ^Z　　　　　　// ^Z 即 Ctrl+Z

（2）R2 的配置过程。

Router> enable

Router# config terminal

Router（config）# int s0/0

Router（config-if）# ip add 192.168.0.2 255.255.255.0

Router（config-if）# encap ppp

Router（config-if）# ppp authenti chap

Router（config-if）# clock rate 64000　　//配置时钟频率命令，同步 DCE 和 DTE 的频率

Router（config-if）# no shutd

Router（config-if）# ^Z

（3）查看 DTE/DCE 电缆。

①R1 的配置过程。

Router＃ show contr s0/0

该命令执行后显示的部分信息如下：

Interface Serial0/0

Hardware is PowerQUICC MPC860

DTE V. 35 TX and RX clocks detected

……

②R2 的配置过程。

Router＃ show contr s0/0

该命令执行后显示的部分信息如下：

Interface Serial0/0

Hardware is PowerQUICC MPC860

DCE V. 35，clock rate 64000

……

（4）验证 R1 和 R2 的连通性。使用 ping 命令进行测试。如：

ping 192. 168. 0. 2

Type escape sequence to abort.

Sending 5，100-byte ICMP Echos to 192. 168. 0. 2，timeout is 2 seconds：

!!!!!

Success rate is 100 percent（5/5），round-trip min/avg/max＝28/28/32 ms

ping 192. 168. 0. 1

2. X. 25 协议验证过程

其中路由器 R1 为 DTE，R2 为 DCE。

（1）R1 的配置过程。

int s0/0

ip add 200. 10. 1. 1 255. 255. 255. 0

encap x25 dte ietf

x25 add 200

x25 map ip 200. 10. 1. 2 100

no shut

（2）R2 的配置过程。

Router＞ enable

Router＃ config terminal

Router（config）＃ int s0/0

Router（config-if）＃ ip add 200. 10. 1. 1 255. 255. 255. 0

Router（config-if）＃ encap x25 dce ietf

Router（config-if）＃ x25 add 100

Router（config-if）＃ x25 map ip 200. 10. 1. 1 200

Router（config-if）＃ clock rate 9600

Router（config-if）＃ no shut

（3）验证 R1 和 R2 的连通性。

ping 200. 10. 1. 2

Type escape sequence to abort.

Sending 5，100-byte ICMP Echos to 200. 10. 1. 2，timeout is 2 seconds：

!!!!!

Success rate is 100 percent （5/5），round-trip min/avg/max ＝ 184/190/212 ms

ping 200. 10. 1. 1

Type escape sequence to abort.

Sending 5，100-byte ICMP Echos to 200. 10. 1. 1，timeout is 2 seconds：

!!!!!

Success rate is 100 percent （5/5），round-trip min/avg/max ＝ 184/190/212 ms

（4）查看接口及 X. 25 相关信息。

①show int s0/0。

此命令执行后显示信息如下：

Serial0/0 is up，line protocol is up

Hardware is PowerQUICC Serial

Internet address is 200. 10. 1. 1/24

MTU 1500 bytes，BW 1544 Kbit，DLY 20000 usec

Reliability 255/255，txload 1/255，rxload 1/255

Encapsulation X25，loopback not set

X. 25 DTE，address 200，state R1，modulo 8，timer 0

Defaults：idle VC timeout 0

IETF encapsulation

Input/output window sizes 2/2，packet sizes 128/128

Timers：T20 180，T21 200，T22 180，T23 180

Channels：Incoming-only none，Two-way 1-1024，Outgoing-only none

RESTARTs 1/0 CALLs 0＋0/1＋0/0＋0 DIAGs 0/0

②show int s0/0。

此命令执行后显示信息如下：

Serial0/0 is up，line protocol is up

Hardware is PowerQUICC Serial

Internet address is 200. 10. 1. 2/24

MTU 1500 bytes，BW 1544 Kbit，DLY 20000 usec，

Reliability 255/255，txload 1/255，rxload 1/255

Encapsulation X25，loopback not set

X. 25 DCE，address 100，state R1，modulo 8，timer 0

Defaults：idle VC timeout 0

IETF encapsulation

Input/output window sizes 2/2，packet sizes 128/128

Timers：T10 60，T11 180，T12 60，T13 60

Channels：Incoming-only none，Two-way 1-1024，Outgoing-only none

RESTARTs 1/0 CALLs 1+0/0+0/0+0 DIAGs 0/0

③show x25 map。

此命令执行后显示信息如下：

Serial0/0：X.121 100 <-> ip 200.10.1.2

Permanent，1 VC：1

Show x25 VC

SVC 1，State：D1，Interface：Serial0/0

Started 00：29：19，last input 00：00：49，output 00：00：49

Connects 100 <-> ip 200.10.1.2

Call PID ietf，Data PID none

④show x25 map。

此命令执行后显示信息如下：

Serial0/0：X.121 200 <-> ip 200.10.1.1

Permanent，1 VC：1

⑤show int s0/0。

此命令执行后显示信息如下：

Serial0/0 is up，line protocol is up

Hardware is PowerQUICC Serial

Internet address is 200.10.1.2/24

3.1.6　实验报告要求

1. 描述 PPP 配置过程。

2. 描述 X.25 配置过程。

3. 写出测试诊断信息。

思考题

1. PPP 协议支持 IP 以外的网络层协议吗？

2. 比较 PPP 和 X.25 协议的区别。

3. 虚电路是可靠的吗？

3.2　静态路由配置（Cisco 路由器）

3.2.1　实验目的

1. 掌握路由器和以太网的连接方式。

2. 掌握路由器接口的参数配置命令。

3. 掌握路由器静态路由配置的命令。

4. 验证静态路由表。

3.2.2　实验背景知识

静态路由是由网管员事先在路由器中手动配置好的固定路由表，指定了 IP 数据包到达目的网络必须经过的路径。路由器开始工作后，除非网络管理员干预，否则静态路由不会发生变化。由于静态路由不具备自适应性，不能对网络的改变自动做出反应，因此一般用于网络规模不大、拓扑结构固定的网络中。静态路由的优点是简单、高效、可靠。在所有路由中，静态路由的优先级别最高。当动态路由与静态路由发生冲突时，以静态路由为准。

3.2.3　实验内容

1. 选择 Cisco 路由器，型号自定，连接 3 个以太网。

2. 配置路由器各接口参数，如 IP 地址等。

3. 配置路由器静态路由。

4. 通过不同网络之间的主机通信测试验证路由配置正确与否。

3.2.4　实验环境

如图 3 - 2 所示的静态路由配置实验拓扑图，通过 2 个路由器连接了 3 个网络。

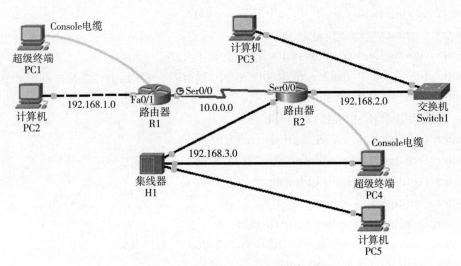

图 3-2　静态路由配置实验拓扑图

1. 准备 Cisco 路由器 2 台，路由器之间通过串口用专门的 DCE-DTE 串行电缆连接。

2. 准备交换机 1 台，Hub 1 台，PC 5 台。其中 PC2 用交叉线序的双绞线和路由器 R1 的 Fa0/1 以太网接口连接，构成一个独立的以太网。而路由器 R2 的 Fa0/0、Fa0/1 接口通过直通双绞线分别和交换机、Hub 相连构建了 2 个以太网。本实验的 3 个以太网是分别是用 3 个不同的方式构建的，目的是让学生能灵活地掌握更多的局域网拓扑结构。

3. PC1 作为独立控制台，其串口（COM 口）用 1 条 Console 电缆和路由器 R1 的

Console端口相连作为配置路由器 R1 的超级终端，而 PC4 既是 R2 的超级终端（控制台），又是 Hub 连接的以太网里的一台主机。所以，网络实验拓扑图中 PC4 有两条连线，其中一条是 Console 电缆，另一条是双绞线通过 RJ45 接口和 Hub 端口连接。由此说明超级终端的选择是灵活多样的。

4. 3 个以太网的网络号分别是 192.168.1.0、192.168.2.0 和 192.168.3.0，两个路由器之间的独立网段的网络号是 10.0.0.0。一共有 4 个网络。学生也可以按照规则自行设计各网络参数。

3.2.5　实验步骤

1. 路由器基本命令

Router＞ enable

Router＃config terminal

Router（config）＃

2. 配置各个路由器以太网接口和串口的相关参数

（1）配置路由器 R1 相关接口（DCE 端）。

Router（config）＃ interface fastEthernet0/1

Router（config-if）＃ ip address 192.168.1.1 255.255.255.0

Router（config-if）＃ no shutdown

Router（config-if）＃ exit

Router（config）＃ interface serial0/0

Router（config-if）＃ ip address 10.0.0.1 255.0.0.0

Router（config-if）＃ clock rate 64000　　//串口同步，只在其中一个路由器上设置即可

Router（config-if）＃ no shutdown

（2）配置路由器 R2 相关接口（DTE 端）。

Router（config）＃ interface fastEthernet0/0

Router（config-if）＃ ip address 192.168.2.1 255.255.255.0

Router（config-if）＃ no shutdown

Router（config-if）＃ exit

Router（config）＃ interface fastEthernet0/1

Router（config-if）＃ ip address 192.168.3.1 255.255.255.0

Router（config-if）＃ no shutdown

Router（config-if）＃ exit

Router（config）＃ interface serial0/0

Router（config-if）＃ ip address 10.0.0.2 255.0.0.0

Router（config-if）＃ no shutdown

Router（config-if）＃ end　　// 一步退到特权模式

Router＃

3. 各以太网主机的网络参数配置

3 个以太网中 PC 配置的网络参数如表 3-1 所示，也可以按照规则自行设计。

表 3-1 静态路由配置实验所用主机网络参数配置

路由器接口	网络号	主机名	IP 地址	子网掩码	默认网关
R1 的 Fa0/1	192.168.1.0	PC2	192.168.1.10	255.255.255.0	192.168.1.1
R2 的 Fa0/0	192.168.2.0	PC3	192.168.2.10	255.255.255.0	192.168.2.1
R2 的 Fa0/1	192.168.3.0	PC4	192.168.3.10	255.255.255.0	192.168.3.1
R2 的 Fa0/1	192.168.3.0	PC5	192.168.3.11	255.255.255.0	192.168.3.1

4. 查看配置静态路由之前各路由器的路由信息表

（1）查看 R1 的路由信息表：

Router # show ip route

查询结果如图所 3-3 所示，其中字母 C 表示该路由器直接相连的 2 个网络。

```
Router#show ip route
Codes: C - connected, S - static, I - IGRP, R - RIP, M - mobile, B - BGP
       D - EIGRP, EX - EIGRP external, O - OSPF, IA - OSPF inter area
       N1 - OSPF NSSA external type 1, N2 - OSPF NSSA external type 2
       E1 - OSPF external type 1, E2 - OSPF external type 2, E - EGP
       i - IS-IS, L1 - IS-IS level-1, L2 - IS-IS level-2, ia - IS-IS inter area
       * - candidate default, U - per-user static route, o - ODR
       P - periodic downloaded static route

Gateway of last resort is not set

C    10.0.0.0/8 is directly connected, Serial0/0
C    192.168.1.0/24 is directly connected, FastEthernet0/1
Router#
```

图 3-3 静态路由配置之前的 R1 的路由信息

（2）查看 R2 的路由信息表：

Router # show ip route

查询结果如图所 3-4 所示，其中字母 C 表示该路由器直接相连的 3 个网络。

```
Router#show ip route
Codes: C - connected, S - static, I - IGRP, R - RIP, M - mobile, B - BGP
       D - EIGRP, EX - EIGRP external, O - OSPF, IA - OSPF inter area
       N1 - OSPF NSSA external type 1, N2 - OSPF NSSA external type 2
       E1 - OSPF external type 1, E2 - OSPF external type 2, E - EGP
       i - IS-IS, L1 - IS-IS level-1, L2 - IS-IS level-2, ia - IS-IS inter area
       * - candidate default, U - per-user static route, o - ODR
       P - periodic downloaded static route

Gateway of last resort is not set

C    10.0.0.0/8 is directly connected, Serial0/0
C    192.168.2.0/24 is directly connected, FastEthernet0/0
C    192.168.3.0/24 is directly connected, FastEthernet0/1
Router#
```

图 3-4 静态路由配置之前 R2 的路由信息

5. 配置静态路由之前测试各网段的连通性

在不同以太网的主机之间通过 ping 命令进行连通性测试。实验证明 PC2 和另外两个网络的主机都无法连通，PC3、PC4、PC5 之间能连通，因为 PC3 和 PC4、PC5 所在的网络连接在路由器 R2 的两个不同端口上。同一个路由器中不同网段之间能互相连通，因为路由器对其直连的路由之间是不进行隔离的。以 PC4 为例，其所在的网络是 192.168.3.0，IP 地址是 192.168.3.10，当用 ping 命令和 PC3、PC5 通信时，测试结果如下：

（1）在主机 PC4 上执行 ping 命令，测试与 PC5 是否连通的结果如图 3-5 所示。

```
PC>ping 192.168.3.11

Pinging 192.168.3.11 with 32 bytes of data:

Reply from 192.168.3.11: bytes=32 time=6ms TTL=128
Reply from 192.168.3.11: bytes=32 time=8ms TTL=128
Reply from 192.168.3.11: bytes=32 time=5ms TTL=128
Reply from 192.168.3.11: bytes=32 time=6ms TTL=128

Ping statistics for 192.168.3.11:
    Packets: Sent = 4, Received = 4, Lost = 0 (0% loss),
Approximate round trip times in milli-seconds:
    Minimum = 5ms, Maximum = 8ms, Average = 6ms
```

图 3-5　PC4-PC5 ping 命令测试结果信息

（2）在主机 PC4 上执行 ping 命令，测试与 PC3 是否连通的结果如图 3-6 所示。

```
PC>ping 192.168.2.10

Pinging 192.168.2.10 with 32 bytes of data:

Reply from 192.168.2.10: bytes=32 time=27ms TTL=127
Reply from 192.168.2.10: bytes=32 time=15ms TTL=127
Reply from 192.168.2.10: bytes=32 time=12ms TTL=127
Reply from 192.168.2.10: bytes=32 time=13ms TTL=127

Ping statistics for 192.168.2.10:
    Packets: Sent = 4, Received = 4, Lost = 0 (0% loss),
Approximate round trip times in milli-seconds:
    Minimum = 12ms, Maximum = 27ms, Average = 16ms
```

图 3-6　PC4-PC3 ping 命令测试结果信息

（3）在主机 PC4 上执行 ping 命令，测试与 PC2 是否连通的结果如图 3-7 所示。

```
PC>ping 192.168.1.10

Pinging 192.168.1.10 with 32 bytes of data:

Reply from 192.168.3.1: Destination host unreachable.
Reply from 192.168.3.1: Destination host unreachable.
Reply from 192.168.3.1: Destination host unreachable.
Reply from 192.168.3.1: Destination host unreachable.

Ping statistics for 192.168.1.10:
    Packets: Sent = 4, Received = 0, Lost = 4 (100% loss),
```

图 3-7　PC4-PC2 ping 命令测试结果信息

（4）在主机 PC4 上执行 ping 命令，但本次测试的目的 IP 地址是 192.168.3.100，是否连通的结果如图 3-8 所示。

```
PC>ping 192.168.3.100

Pinging 192.168.3.100 with 32 bytes of data:

Request timed out.
Request timed out.
Request timed out.
Request timed out.

Ping statistics for 192.168.3.100:
    Packets: Sent = 4, Received = 0, Lost = 4 (100% loss),
```

图 3-8　PC4-192.168.3.100 ping 命令测试结果信息

经过步骤（1）～（4）测试，证明在静态路由配置成功之前，不同路由器的网络之间是无法连通通信的。只有连接在一个路由器上的各个网络可以直接通信，所以路由配置是必需的。分析思考步骤（1）～（4）测试结果的不同状态原理。

6. 配置静态路由

（1）配置 R1 到网络 192.168.2.0、192.168.3.0 的静态路由：

Router（config）# ip route 192.168.2.0 255.255.255.0 10.0.0.2

Router（config）# ip route 192.168.3.0 255.255.255.0 10.0.0.2

Router（config）# exit

（2）配置 R2 到网络 192.168.1.0 的静态路由：

Router（config）# ip route 192.168.1.0 255.255.255.0 10.0.0.1

Router（config）# exit

7. 查看已经成功配置静态路由之后各路由器的路由信息表

（1）查看 R1 的路由信息表：

Router# show ip route

查询结果如图 3-9 所示。其中字母 C 标记的路由表示路由器 R1 直接连接的 2 条路由，字母 S 标记的路由表示路由器 R1 经过静态路由配置新增加的 2 条路由。R1 的路由表显示网络中共有 4 条路由，实验验证结果与实验设计的网络数相符。

```
Router(config)#ip route 192.168.2.0 255.255.255.0 10.0.0.2
Router(config)#ip route 192.168.3.0 255.255.255.0 10.0.0.2
Router(config)#exit
%SYS-5-CONFIG_I: Configured from console by console
Router# show ip route
Codes: C - connected, S - static, I - IGRP, R - RIP, M - mobile, B - BGP
       D - EIGRP, EX - EIGRP external, O - OSPF, IA - OSPF inter area
       N1 - OSPF NSSA external type 1, N2 - OSPF NSSA external type 2
       E1 - OSPF external type 1, E2 - OSPF external type 2, E - EGP
       i - IS-IS, L1 - IS-IS level-1, L2 - IS-IS level-2, ia - IS-IS inter area
       * - candidate default, U - per-user static route, o - ODR
       P - periodic downloaded static route


Gateway of last resort is not set

C    10.0.0.0/8 is directly connected, Serial0/0
C    192.168.1.0/24 is directly connected, FastEthernet0/1
S    192.168.2.0/24 [1/0] via 10.0.0.2
S    192.168.3.0/24 [1/0] via 10.0.0.2
Router#
```

图 3-9　配置静态路由之后的 R1 路由状态信息

（2）查看 R2 的路由信息表：

Router# show ip route

查询结果如图 3-10 所示。其中字母 C 标记的路由表示路由器 R2 直接连接的 3 条路由，字母 S 标记的路由表示路由器 R1 经过静态路由配置新增加的 1 条路由。R2 的路由表也显示网络中共有 4 条路由，实验验证结果与实验设计的网络数相符。

8. 配置静态路由之后测试各网段的连通性

路由器 R1、R2 经过静态路由配置后，补充完善了所有的路由信息。互联网络中的 3 个以太网（局域网）的主机之间完全具备了互连互通的条件，使用 ping 命令再次进行 PC4 和 PC2 之间的连通性测试结果如图 3-11 所示，实验验证结果符合预期。

```
Router(config)#ip route 192.168.1.0 255.255.255.0 10.0.0.1
Router(config)#exit
%SYS-5-CONFIG_I: Configured from console by console
Router#show ip route
Codes: C - connected, S - static, I - IGRP, R - RIP, M - mobile, B - BGP
       D - EIGRP, EX - EIGRP external, O - OSPF, IA - OSPF inter area
       N1 - OSPF NSSA external type 1, N2 - OSPF NSSA external type 2
       E1 - OSPF external type 1, E2 - OSPF external type 2, E - EGP
       i - IS-IS, L1 - IS-IS level-1, L2 - IS-IS level-2, ia - IS-IS inter area
       * - candidate default, U - per-user static route, o - ODR
       P - periodic downloaded static route

Gateway of last resort is not set

C    10.0.0.0/8 is directly connected, Serial0/0
S    192.168.1.0/24 [1/0] via 10.0.0.1
C    192.168.2.0/24 is directly connected, FastEthernet0/0
C    192.168.3.0/24 is directly connected, FastEthernet0/1
Router#
```

图 3-10　配置静态路由之后的 R2 路由状态信息

```
PC>ping 192.168.1.10

Pinging 192.168.1.10 with 32 bytes of data:

Request timed out.
Reply from 192.168.1.10: bytes=32 time=12ms TTL=126
Reply from 192.168.1.10: bytes=32 time=15ms TTL=126
Reply from 192.168.1.10: bytes=32 time=19ms TTL=126

Ping statistics for 192.168.1.10:
    Packets: Sent = 4, Received = 3, Lost = 1 (25% loss),
Approximate round trip times in milli-seconds:
    Minimum = 12ms, Maximum = 19ms, Average = 15ms
```

图 3-11　配置静态路由之后 PC4-PC2 ping 命令测试结果信息

9. 查看路由器配置

（1）查看 R1 路由器的配置：

Router＃ show running-config

当前，R1 路由器的配置查询结果如图 3-12 所示。

（2）查看 R2 路由器的配置：

Router＃ show running-config

当前，R2 路由器的配置查询结果如图 3-13 所示。

3.2.6　实验报告要求

1. 严格按照实验要求完成各项内容。

2. 画出完整的网络拓扑图，并说明各个设备的参数配置。

3. 执行命令需要佐证的要有截图，手写的结论也可以。

```
Router#show running-config
Building configuration...

Current configuration : 488 bytes
!
version 12.2
no service password-encryption
!
hostname Router
!
!
!
!
ip ssh version 1
!
!
interface FastEthernet0/0
 no ip address
 duplex auto
 speed auto
 shutdown
!
interface FastEthernet0/1
 ip address 192.168.1.1 255.255.255.0
 duplex auto
 speed auto
interface Serial0/0
 ip address 10.0.0.1 255.0.0.0
 clock rate 64000
!
ip classless
ip route 192.168.2.0 255.255.255.0 10.0.0.2
ip route 192.168.3.0 255.255.255.0 10.0.0.2
!
!
!
!
!
line con 0
line vty 0 4
 login
!
!
end
```

图 3-12　R1 路由器配置查询结果

```
Router#show running-config
Building configuration...

Current configuration : 438 bytes
!
version 12.2
no service password-encryption
!
hostname Router
!
!
!
!
ip ssh version 1
!
!
interface FastEthernet0/0
 ip address 192.168.2.1 255.255.255.0
 duplex auto
 speed auto
!
interface FastEthernet0/1
 ip address 192.168.3.1 255.255.255.0
 duplex auto
 speed auto
!
interface Serial0/0
 ip address 10.0.0.2 255.0.0.0
!
ip classless
ip route 192.168.1.0 255.255.255.0 10.0.0.1
!
!
!
!
line con 0
line vty 0 4
 login
!
end
```

图 3-13　R2 路由器配置查询结果

 思考题

1. 既然静态路由不具备自适应性，那么，不给路由器配置静态路由可以吗？

2. 如果执行 ping 命令测试不通，则有两个不同的结论，即 "Request timed out" 和 "Destination host unreachable"，说明原因。

3. 分析说明图 3-11 中测试结果第一行信息 "Request timed out" 和其他 3 行信息不一样的原因。

4. 路由器的以太网接口既可以连接计算机，也可以连接交换机和集线器，说明连接线的区别。

3.3 动态路由配置协议 RIP（Cisco 路由器）

3.3.1 实验目的

1. 熟悉 RIP 动态路由协议的概念及原理。
2. 掌握路由器接口的参数配置命令。
3. 掌握 RIP 动态路由协议的配置命令和方法。
4. 验证动态路由表及其刷新过程。

3.3.2 实验背景知识

动态路由是网络中的路由器之间相互通信、传递交流路由信息、彼此利用收到的路由信息更新路由表的过程。执行动态路由策略的路由器在网络拓扑发生变化时，会根据路由算法重新计算路由，并通过网络传输向其他路由器（一般是相邻路由器）发出新的路由更新信息。动态路由策略的优点就是能实时地自适应网络拓扑结构的变化，快速更新路由表。

RIP 是一种简单的动态路由选择协议，适用于不太可能有重大扩容或变化的小型互联网络。RIP 是分布式的基于距离向量的路由选择协议，该协议执行时按照固定的时间间隔与相邻路由器交换自己当前的路由表信息，并依据 RIP 算法规则实时更新路由表。

3.3.3 实验内容

1. 选择 Cisco 路由器，型号自定，连接 3 个以太网。
2. 配置路由器各接口参数，如 IP 地址等。
3. 配置 RIP 路由协议，查看路由表。
4. 通过不同网络之间的主机通信，测试验证路由配置及更新情况。

3.3.4 实验环境

验证 RIP 路由协议实验将通过 3 个路由器，互连 3 个独立的网络。该实验的网络拓扑结构如图 3-14 所示。实验器材准备如下：

1. 准备 Cisco 路由器 3 台，路由器之间通过梯形串口用专门的 DCE-DTE 串行电缆连接。实验用的 DCE-DTE 串行电缆由一根带插孔式连接器的 DCE 电缆和一根带插头式连接器的 DTE 电缆连接而成。DCE-DTE 串行电缆和路由器串口连接时需注意哪端是 DCE（孔），哪端是 DTE（针），以便正确进行时钟匹配。

2. 准备交换机 3 台，PC 7 台。3 个以太网中的 PC 通过 RJ45 接口使用直通双绞线和交换机端口连接；3 个路由器也是通过 RJ45 接口使用直通双绞线和交换机的某个端口连接；3 个路由器的控制台（PC 做超级终端）分别通过串口（COM 接口）使用 Console 电缆和路由器的 Console 端口连接。从图 3-14 可以看出，只有 PC1 是独立的控制台，而 PC21 和 PC31 既是控制台又是以太网中的主机。路由器通过交换机连接以太网是现在最常见的内部网络接入互联网的连接方式。

3. 3 个以太网，加上 3 个路由器之间的连线，本实验的互连网络合计共有 5 个网络（网段）。其中，3 个以太网的网络号分别是 192.168.1.0、10.0.0.0 和 172.16.0.0。3 个路由

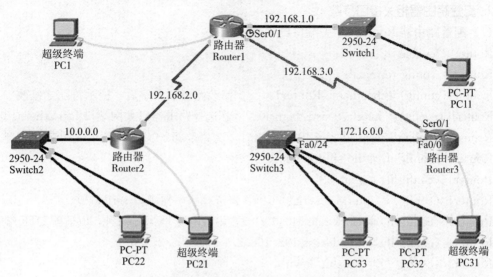

图 3-14　RIP 动态路由配置实验拓扑图

器之间的两个独立网段（干线/中继线）的网络号分别是 192.168.2.0（Router1 和 Router2 之间）和 192.168.3.0（Router1 和 Router3 之间）。本实验中的互连网络拓扑及网络参数可以自行设计。

如果路由器的以太网端口或串行端口不够用，可以增加模块进行路由器端口扩展。

3.3.5　实验步骤

1. 各以太网中主机的网络参数配置

3 个以太网中各 PC 配置的网络参数如表 3-2 所示，也可以按照规则自主设计。

表 3-2　各主机网络参数配置

路由器接口	网络号	主机名	IP 地址	子网掩码	默认网关
Router1 的 Fa0/0	192.168.1.0	PC11	192.168.1.10	255.255.255.0	192.168.1.1
Router2 的 Fa0/0	10.0.0.0	PC21	10.0.0.21	255.0.0.0	10.0.0.1
		PC22	10.0.0.22		
Router3 的 Fa0/0	172.16.0.0	PC31	172.16.0.31	255.255.0.0	172.16.0.1
		PC32	172.16.0.32		
		PC32	172.16.0.33		

各主机配置完网络参数后，以主机 PC31 为例查看到的配置信息如图 3-15 所示。

```
Link    IP Address      IPv6 Address                          MAC Address
Up      172.16.0.31/16  <not set>                             000C.CFD1.3167

Gateway: 172.16.0.1
DNS Server: <not set>
Physical Location: Intercity, Home City, Corporate Office, Main Wiring Closet
```

图 3-15　主机 PC31 网络参数配置信息

2. 配置路由器相关接口参数

（1）配置路由器 Router1 相关端口：

Router＞ enable

Router＃ config terminal

Router（config）＃ hostname Router1　　　//修改路由器名字后，提示符随之修改

Router1（config）＃ interface fastEthernet0/0　　//选择路由器以太网端口 fastEthernet0/0

Router1（config-if）＃ ip address 192.168.1.1 255.255.255.0　　//配置以太网端口 IP 地址

Router1（config-if）＃ no shutdown

Router1（config-if）＃ exit

Router1（config）＃ interface serial0/0　　　//选择路由器串口 serial0/0

Router1（config-if）＃ clock rate 64000 //设置串行电缆 DCE 端时钟，以适配 DTE 端时钟

Router1（config-if）＃ ip address 192.168.2.1 255.255.255.0

Router1（config-if）＃ no shutdown

Router1（config-if）＃ exit

Router1（config）＃ interface serial0/1

Router1（config-if）＃ clock rate 64000

Router1（config-if）＃ ip address 192.168.3.1 255.255.255.0

Router1（config-if）＃ no shutdown

Router1（config-if）＃ end

路由器 Router1 各端口网络参数配置完成后的状态如图 3-16 所示。

```
Port             Link    IP Address       IPv6 Address          MAC Address
FastEthernet0/0  Up      192.168.1.1/24   <not set>             0030.F2E9.AD27
Serial0/0        Up      192.168.2.1/24   <not set>             <not set>
Serial0/1        Up      192.168.3.1/24   <not set>             <not set>
Hostname: Router1

Physical Location: Intercity, Home City, Corporate Office, Wiring Closet
```

图 3-16　Router1 路由器端口配置信息

（2）配置路由器 Router2 相关端口：

Router2（config）＃ interface fastEthernet0/0

Router2（config-if）＃ ip address 192.168.4.1 255.255.255.0

Router2（config-if）＃ no shutdown

Router1（config-if）＃ exit

Router2（config）＃ interface serial0/0

Router2（config-if）＃ clock rate 64000　　　//设置串行电缆 DTE 端时钟，可以省略

Router2（config-if）＃ ip address 192.168.2.2 255.255.255.0

Router2（config-if）＃ no shutdown

Router2（config-if）＃ end

路由器 Router2 各端口网络参数配置完成后的状态如图 3-17 所示。

（3）配置路由器 Router3 相关端口：

Router3（config）＃ int fa0/0　　　　　//简化命令

Router3（config-if）♯ ip add 192.168.5.1 255.255.255.0

Router3（config-if）♯ no shutd

Router1（config-if）♯ exit

Router3（config）♯ int s0/1

Router3（config-if）♯ ip add 192.168.3.2 255.255.255.0

Router3（config-if）♯ no shutd

Router1（config-if）♯ ˆZ　　　　　//等价于 end 命令

路由器 Router3 各端口网络参数配置完成后的状态如图 3-18 所示。

```
Port            Link    IP Address       IPv6 Address                          MAC Address
FastEthernet0/0 Up      10.0.0.1/8       <not set>                             0090.2B05.C9B8
Serial0/0       Up      192.168.2.2/24   <not set>                             <not set>
Serial0/1       Down    <not set>        <not set>                             <not set>
Hostname: Router2

Physical Location: Intercity, Home City, Corporate Office, Wiring Closet
```

图 3-17　Router2 路由器端口配置信息

```
Port            Link    IP Address       IPv6 Address                          MAC Address
FastEthernet0/0 Up      172.16.0.1/16    <not set>                             0004.9ACD.8D48
Serial0/0       Down    <not set>        <not set>                             <not set>
Serial0/1       Up      192.168.3.2/24   <not set>                             <not set>
Hostname: Router3

Physical Location: Intercity, Home City, Corporate Office, Wiring Closet
```

图 3-18　Router3 路由器端口配置信息

3. 查看未配置 RIP 协议之前的各路由器的路由信息表

（1）查看 Router1 的路由信息表：

Router1♯ show ip route

与本章 3.2 节静态路由配置（Cisco 路由器）实验中这一步骤的结果相似。路由表中只有字母为 C 的表示该路由器直接相连的 3 个网络的信息，即 192.168.1.0、192.168.2.0 和 192.168.3.0。

（2）查看 Router2 的路由信息表：

Router2♯ show ip route

路由表中只有字母为 C 的表示该路由器直接相连的 2 个网络的信息，即 192.168.2.0 和 10.0.0.0。

（3）查看 Router3 的路由信息表：

Router3♯ show ip route

路由表中只有字母为 C 的表示该路由器直接相连的 2 个网络的信息，即 192.168.3.0 和 172.16.0.0。

4. 配置 RIP 路由之前测试各网段的连通性

在不同以太网的主机之间通过 ping 命令进行连通性测试。结论与本章 3.2 小节静态路由配置（Cisco 路由器）实验相似，分属于 3 个以太网的主机之间都不通。例如，主机 PC11 使用 ping 命令测试与主机 PC21 的连通性，主机 PC11 使用 ping 命令测试与主机 PC31 的连通性，主机 PC22 使用 ping 命令测试与主机 PC33 的连通性等。

5. 在各路由器上启动 RIP 路由协议

（1）在 Router1 上启动执行 RIP-2 路由协议，"通告"其他路由器 Router1 自己连接的网络分别是 192.168.1.0、192.168.2.0 和 192.168.3.0。

Router1（config）# router rip

Router1（config-router）# version 2

Router1（config-router）# network 192.168.1.0

//删除路由命令 no network 192.168.1.0

Router1（config-router）# network 192.168.2.0

Router1（config-router）# network 192.168.3.0

Router1（config-router）# ^Z

（2）在 Router2 上启动执行 RIP-2 路由协议，"通告"其他路由器 Router2 自己连接的网络分别是 10.0.0.0 和 192.168.2.0。

Router2（config）# router rip

Router2（config-router）# version 2

Router2（config-router）# network 10.0.0.0　　//删除路由命令 no network 192.168.1.0

Router2（config-router）# network 192.168.2.0

Router1（config-router）# ^Z

（3）在 Router3 上启动执行 RIP-2 路由协议，"通告"其他路由器 Router3 自己连接的网络分别是 172.16.0.0 和 192.168.3.0。

Router3（config）# router rip

Router3（config-router）# version 2

Router3（config-router）# network 172.16.0.0

Router2（config-router）# network 192.168.3.0

Router1（config-router）# ^Z

6. 查看当前正在运行的路由协议的详细信息

（1）查看 Router1 路由器的详细路由信息：

Router1# show ip protocols

执行该命令后，Router1 路由器的详细路由信息及网络参数配置如图 3-19 所示。

（2）查看 Router2 路由器的详细路由信息：

Router2# show ip protocols

执行该命令后，Router2 路由器的详细路由信息及网络参数配置如图 3-20 所示。

（3）查看 Router3 路由器的详细路由信息：

Router3# show ip protocols

执行该命令后，Router3 路由器的详细路由信息及网络参数配置如图 3-21 所示。

show ip protocols 命令的作用是显示路由器上当前开启并运行的路由协议，其输出信息可用于检验大多数 RIP 参数。其主要输出项包括：

①正在运行的路由协议名称（如 RIP、OSPF、EIGRP 等）和工作原理。

②路由过滤是否设置。

③发送和接收 RIP 更新的接口是否正确。

④路由器通告（告之相邻路由器）的网络是否正确。

⑤RIP 邻居（路由信息源）是否发送了更新。

当需要判断动态路由协议是否工作正常，路由表中的信息是否符合预期时，经常通过 show ip protocols 命令进行验证。如果路由表中缺少某个网络，也可以使用 show ip protocols 命令来检查路由配置。

```
Router1#show ip protocols
Routing Protocol is "rip"
Sending updates every 30 seconds, next due in 5 seconds
Invalid after 180 seconds, hold down 180, flushed after 240
Outgoing update filter list for all interfaces is not set
Incoming update filter list for all interfaces is not set
Redistributing: rip
Default version control: send version 2, receive 2
  Interface           Send  Recv  Triggered RIP  Key-chain
  FastEthernet0/0      2     2
  Serial0/1            2     2
  Serial0/0            2     2
Automatic network summarization is in effect
Maximum path: 4
Routing for Networks:
        192.168.1.0
        192.168.2.0
        192.168.3.0
Passive Interface(s):
Routing Information Sources:
        Gateway          Distance        Last Update
        192.168.2.2        120           00:00:07
        192.168.3.2        120           00:00:13
Distance: (default is 120)
Router1#
```

图 3-19　Router1 路由器的详细路由信息

```
Router2#show ip protocols
Routing Protocol is "rip"
Sending updates every 30 seconds, next due in 29 seconds
Invalid after 180 seconds, hold down 180, flushed after 240
Outgoing update filter list for all interfaces is not set
Incoming update filter list for all interfaces is not set
Redistributing: rip
Default version control: send version 2, receive 2
  Interface           Send  Recv  Triggered RIP  Key-chain
  Serial0/0            2     2
  FastEthernet0/0      2     2
Automatic network summarization is in effect
Maximum path: 4
Routing for Networks:
        10.0.0.0
        192.168.2.0
        192.168.4.0
Passive Interface(s):
Routing Information Sources:
        Gateway          Distance        Last Update
        192.168.2.1        120           00:00:08
Distance: (default is 120)
Router2#
```

图 3-20　Router2 路由器的详细路由信息

```
Router3#show ip p
Routing Protocol is "rip"
Sending updates every 30 seconds, next due in 14 seconds
Invalid after 180 seconds, hold down 180, flushed after 240
Outgoing update filter list for all interfaces is not set
Incoming update filter list for all interfaces is not set
Redistributing: rip
Default version control: send version 2, receive 2
  Interface            Send  Recv  Triggered RIP  Key-chain
  Serial0/1             2     2
  FastEthernet0/0       2     2
Automatic network summarization is in effect
Maximum path: 4
Routing for Networks:
      172.16.0.0
      192.168.3.0
Passive Interface(s):
Routing Information Sources:
      Gateway        Distance        Last Update
      192.168.3.1       120          00:00:28
Distance: (default is 120)
Router3#
```

图 3-21　Router3 路由器的详细路由信息

7. 查看 RIP 协议运行后的路由信息表

（1）查看 Router1 的路由信息表：

Router1♯ show ip route

该命令执行后，路由器 Router1 和相邻路由器 Router2、Router3 按照 RIP 协议算法彼此交换路由信息，经快速收敛后刷新的路由信息表如图 3-22 所示。

```
Router1#show ip route
Codes: C - connected, S - static, I - IGRP, R - RIP, M - mobile, B - BGP
       D - EIGRP, EX - EIGRP external, O - OSPF, IA - OSPF inter area
       N1 - OSPF NSSA external type 1, N2 - OSPF NSSA external type 2
       E1 - OSPF external type 1, E2 - OSPF external type 2, E - EGP
       i - IS-IS, L1 - IS-IS level-1, L2 - IS-IS level-2, ia - IS-IS inter area
       * - candidate default, U - per-user static route, o - ODR
       P - periodic downloaded static route

Gateway of last resort is not set

R    10.0.0.0/8 [120/1] via 192.168.2.2, 00:00:18, Serial0/0
R    172.16.0.0/16 [120/1] via 192.168.3.2, 00:00:14, Serial0/1
C    192.168.1.0/24 is directly connected, FastEthernet0/0
C    192.168.2.0/24 is directly connected, Serial0/0
C    192.168.3.0/24 is directly connected, Serial0/1
Router1#
```

图 3-22　Router1 路由器执行 RIP 协议后刷新的路由表

图 3-22 中字母 R 标记的路由信息就是 RIP 协议执行的结果，而字母 C 标记的路由信息是该路由器直接相连的网络。路由信息［120/1］中 120 表示管理距离（路由协议优先级），1 表示跳数。本实验的网络拓扑一共互连了 5 个网络，从图 3-22 中看到的路由表也是 5 条路由信息，说明实验验证结果和预期相符。

（2）查看 Router2 的路由信息表：

Router2♯ show ip route

该命令执行后，路由器 Router2 和相邻路由器 Router1、Router3 按照 RIP 协议算法彼此交换路由信息，经快速收敛后刷新的路由信息如图 3-23 所示。

```
Router2#show ip route
Codes: C - connected, S - static, I - IGRP, R - RIP, M - mobile, B - BGP
       D - EIGRP, EX - EIGRP external, O - OSPF, IA - OSPF inter area
       N1 - OSPF NSSA external type 1, N2 - OSPF NSSA external type 2
       E1 - OSPF external type 1, E2 - OSPF external type 2, E - EGP
       i - IS-IS, L1 - IS-IS level-1, L2 - IS-IS level-2, ia - IS-IS inter area
       * - candidate default, U - per-user static route, o - ODR
       P - periodic downloaded static route

Gateway of last resort is not set

C    10.0.0.0/8 is directly connected, FastEthernet0/0
R    172.16.0.0/16 [120/2] via 192.168.2.1, 00:00:17, Serial0/0
R    192.168.1.0/24 [120/1] via 192.168.2.1, 00:00:17, Serial0/0
C    192.168.2.0/24 is directly connected, Serial0/0
R    192.168.3.0/24 [120/1] via 192.168.2.1, 00:00:17, Serial0/0
Router2#
```

图 3-23　Router2 路由器执行 RIP 协议后刷新的路由信息

（3）查看 Router3 的路由信息表：

Router3♯ show ip route

该命令执行后，路由器 Router3 和相邻路由器 Router1、Router2 按照 RIP 协议算法彼此交换路由信息，经快速收敛后刷新的路由信息如图 3-24 所示。

```
Router3#show ip ro
Codes: C - connected, S - static, I - IGRP, R - RIP, M - mobile, B - BGP
       D - EIGRP, EX - EIGRP external, O - OSPF, IA - OSPF inter area
       N1 - OSPF NSSA external type 1, N2 - OSPF NSSA external type 2
       E1 - OSPF external type 1, E2 - OSPF external type 2, E - EGP
       i - IS-IS, L1 - IS-IS level-1, L2 - IS-IS level-2, ia - IS-IS inter area
       * - candidate default, U - per-user static route, o - ODR
       P - periodic downloaded static route

Gateway of last resort is not set

R    10.0.0.0/8 [120/2] via 192.168.3.1, 00:00:06, Serial0/1
C    172.16.0.0/16 is directly connected, FastEthernet0/0
R    192.168.1.0/24 [120/1] via 192.168.3.1, 00:00:06, Serial0/1
R    192.168.2.0/24 [120/1] via 192.168.3.1, 00:00:06, Serial0/1
C    192.168.3.0/24 is directly connected, Serial0/1
Router3#
```

图 3-24　Router3 路由器执行 RIP 协议后刷新的路由信息

8. 测试各网段的连通性

在不同以太网的主机之间通过 ping 命令进行连通性测试。以主机 PC11 连通主机 PC21 和 PC33 为例，测试结果如图 3-25 所示。测试证明 RIP 协议已经执行并得到正确的结果。

9. 常用的几个查看命令

（1）查看路由器所有端口的配置信息。命令格式：

Router♯ show ip interface

该命令是对一个路由器上所有端口的网络配置参数的详细描述和总结，包括接口状态、IP 地址、子网掩码、基本的 IP 信息和访问列表等。一般这个命令的执行结果都很长。

（2）查看路由器当前状态下所有端口的 IP 简单配置信息。命令格式：

Router♯ show ip interface brief

该命令除了可以简单清晰地查看路由器已用端口的网络参数，还可以查到未用端口。如

图 3-26 所示是查看路由器 Router3 的结果，通过这个结果可以看出端口 Serial0/0 目前是闲置状态。

```
PC>ping 10.0.0.21

Pinging 10.0.0.21 with 32 bytes of data:

Request timed out.
Reply from 10.0.0.21: bytes=32 time=27ms TTL=126
Reply from 10.0.0.21: bytes=32 time=26ms TTL=126
Reply from 10.0.0.21: bytes=32 time=25ms TTL=126

Ping statistics for 10.0.0.21:
    Packets: Sent = 4, Received = 3, Lost = 1 (25% loss),
Approximate round trip times in milli-seconds:
    Minimum = 25ms, Maximum = 27ms, Average = 26ms

PC>ping 172.16.0.33

Pinging 172.16.0.33 with 32 bytes of data:

Request timed out.
Reply from 172.16.0.33: bytes=32 time=25ms TTL=126
Reply from 172.16.0.33: bytes=32 time=27ms TTL=126
Reply from 172.16.0.33: bytes=32 time=29ms TTL=126

Ping statistics for 172.16.0.33:
    Packets: Sent = 4, Received = 3, Lost = 1 (25% loss),
Approximate round trip times in milli-seconds:
    Minimum = 25ms, Maximum = 29ms, Average = 27ms
```

图 3-25　执行 ping 命令测试 PC11 和 PC21、PC11 和 PC33 连通性结果信息

```
Router3#show ip int b
Interface            IP-Address      OK? Method Status                 Protocol

FastEthernet0/0      172.16.0.1      YES manual up                     up

Serial0/0            unassigned      YES manual administratively down  down

Serial0/1            192.168.3.2     YES manual up                     up
Router3#
```

图 3-26　查看路由器 Router3 当前使用状态

（3）查看路由器当前运行配置。命令格式：

Router# show running-config

如图 3-27 所示是命令执行后，显示路由器 Router2 的当前运行配置内容。

3.3.6　实验报告要求

1. 报告中必须有 RIP 协议执行前后各路由器的路由表对比。

2. 实验报告中必须有 RIP 协议执行前后各以太网主机之间连通性测试对比。

3. 其他要求同 3.2 小节静态路由配置（Cisco 路由器）实验要求。

```
Router2#show running-conf
Building configuration...

Current configuration : 413 bytes
!
version 12.2
no service password-encryption
!
hostname Router2
!
!
!
!
ip ssh version 1
!
interface FastEthernet0/0
 ip address 10.0.0.1 255.0.0.0
 duplex auto
 speed auto
!
interface Serial0/0
 ip address 192.168.2.2 255.255.255.0
!
interface Serial0/1
 no ip address
 shutdown
!
router rip
 version 2
 network 10.0.0.0
 network 192.168.2.0
!
ip classless
!
!
!
!
line con 0
line vty 0 4
 login
!
!
end
```

图 3-27　查看路由器 Router2 当前运行配置结果

思考题

1. 路由器的路由表中标记路由的首字母 C、S、R 的区别是什么？

2. RIP 协议相邻路由器之间交换的是什么信息？

3. 在 RIP 动态路由协议执行过程中，互连网络的路由会部分通过吗？

4. 如何区分互连的两个路由器的 DCE 端和 DTE 端？

5. 注意区分不同设备之间连线（传输媒体）的区别，如路由器和路由器之间、路由器和交换机之间、路由器和主机之间等。

3.4　动态路由配置协议 OSPF（Cisco 路由器）

3.4.1　实验目的

1. 理解 OSPF 动态路由选择协议的概念及原理。

2. 掌握区域划分方式及编号。

3. 掌握 OSPF 动态路由协议的配置命令和方法。

4. 验证动态路由表及其刷新过程。

3.4.2　实验背景知识

OSPF 也是一种自治系统内部的动态路由选择协议，适用于大型的、拓扑复杂的互连网络。OSPF 是分布式的链路状态路由选择协议，该协议只在某路由器链路状态发生变化时，才向本自治系统中的其他所有路由器用洪泛法发送更新的完整链路状态路由信息。所谓"链路状态"，可以指明本路由器都和哪些路由器相邻，以及该链路的"度量"，而"度量"是路由更新的一种代价。经过一段时间后所有的路由器最终都能建立一个全网一致的链路状态数据库，并依据 OSPF 算法规则更新自己的路由表。

OSPF 的最大特点是引入了区域的概念。对于特别大的互连网络来说，每个区域里面的路由器数量大为减少后，缩小了洪泛法广播发送路由信息的范围，减少了 OSPF 算法的计算量。划分区域很大程度上减少了域内的路由数量，提高了网络的稳定性。

3.4.3　实验内容

1. 选择 Cisco 路由器，型号自定，连接 5 个以太网。

2. 配置路由器各接口参数，如 IP 地址等。

3. 设计 OSPF 路由协议的区域号。

4. 通过不同网络之间的主机通信，测试、验证路由配置及更新情况。

3.4.4　实验环境

验证 OSPF 路由协议实验通过 4 个路由器，互连 5 个独立的网络。该实验的网络拓扑结构如图 3-28 所示。实验器材准备如下：

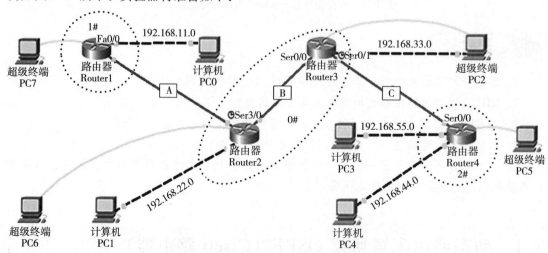

图 3-28　OSPF 动态路由配置实验拓扑图

1. 准备 Cisco 路由器 4 台，路由器之间通过梯形串口用专门的 DCE-DTE 串行电缆连接。DCE-DTE 串行电缆和路由器串口连接时需注意哪端是 DCE（孔），哪端是 DTE（针），以便正确进行时钟匹配。

2. 准备 PC 8 台。其中的 PC5～PC7 分别是 3 个路由器专用的控制台超级终端，而 PC2 既是路由器 Router3 的超级终端又是以太网 192.168.33.0 里的通信主机。本实验为了简化操作，每个以太网中仅连入一台主机。通过路由器的以太网端口直接连接一台 PC 组成的以太网（一机一网），省略了中间的交换机，因此主机和路由器之间使用交叉双绞线进行连接。

3. 5 个以太网，加上 4 个路由器之间的 3 条中继线（串行电缆），该互连网络合计有 8 个网络（网段）。其中 5 个以太网的网络号分别是 192.168.11.0、192.168.22.0、192.168.33.0、192.168.44.0 和 192.168.55.0，4 个路由器之间的 3 个独立网段的网络号分别是 192.168.1.0、192.168.2.0 和 192.168.3.0。

4. 本实验按照 OSPF 协议规则划分了 3 个区域。路由器 Router1 在 1♯区域，涵盖 192.168.11.0 和 192.168.1.0 两个网络；路由器 Router2 和路由器 Router3 在 0♯区域即主区域，涵盖 192.168.22.0、192.168.33.0 和 192.168.2.0 三个网络；路由器 Router4 在 2♯区域，涵盖 192.168.44.0、192.168.55.0 和 192.168.3.0 三个网络。区域划分是灵活的，但是必须有主区域（0♯），且必须在互连网络的核心部分。一个路由器连接的所有网络不一定在一个区域。

5. 如果路由器的以太网端口或者串行端口不够，可以通过增加模块扩展端口数量。

3.4.5 实验步骤

1. 各以太网里主机的网络参数配置

5 个以太网中各 PC 配置的网络参数如表 3-3 所示，也可以按照规则自行设计。

表 3-3 该实验所用主机网络参数配置

路由器接口	网络号	主机名	IP 地址	子网掩码	默认网关
Router1 的 Fa0/0	192.168.11.0	PC0	192.168.11.100	255.255.255.0	192.168.11.1
Router2 的 Fa0/0	192.168.22.0	PC1	192.168.22.100	255.255.255.0	192.168.22.1
Router3 的 Fa0/0	192.168.33.0	PC2	192.168.33.100	255.255.255.0	192.168.33.1
Router4 的 Fa0/1	192.168.55.0	PC3	192.168.55.100	255.255.255.0	192.168.55.1
Router4 的 Fa0/0	192.168.44.0	PC4	192.168.44.100	255.255.255.0	192.168.44.1

各主机配置完网络参数后，以主机 PC2 为例查看到的配置信息如图 3-29 所示。

```
Link    IP Address        IPv6 Address                          MAC Address
Up      192.168.33.100/24 <not set>                             000C.CFB9.4E24

Gateway: 192.168.33.1
DNS Server:  <not set>
Physical Location: Intercity, Home City, Corporate Office, Main Wiring Closet
```

图 3-29 主机 PC2 网络参数配置信息

2. 配置各路由器相关接口参数并执行 OSPF 路由协议

本次实验一边配置路由器的各端口网络参数，一边进行 OSPF 路由协议的配置和运行。

（1）路由器 Router1 上的配置：

Router1＞ enable

Router1♯ config terminal

Router1（config）# interface fa0/0　　　　　　//选择以太网端口进行参数配置
Router1（config-if）# ip address 192.168.11.1 255.255.255.0
Router1（config-if）# no shutdown
Router1（config）# interface s2/0　　　　　//选择串行端口进行参数配置
Router1（config-if）# ip address 192.168.1.1 255.255.255.0
Router1（config-if）# no shutdown
Router1（config-if）# clock rate 64000
Router1（config-if）# exit
Router1（config）# router ospf 1　　　// 执行 OSPF 协议。1# 区域包含 2 个网络
Router1（config-router）# network 192.168.11.0 0.0.0.255 area 1　　//1 表示 1# 区域
Router1（config-router）# network 192.168.1.0 0.0.0.255 area 1　　//子网掩码用反码表示
Router1（config-router）# end
Router1#
（2）路由器 Router2 上的配置：
Router2>enable
Router2# config terminal
Router2（config）#interface fa0/0　　　　　　//选择以太网端口进行参数配置
Router2（config-if）#ip address 192.168.22.1 255.255.255.0
Router2（config-if）#no shutdown
Router2（config）#interface s2/0　　　　　　//选择串行端口进行参数配置
Router2（config-if）#ip address 192.168.1.2 255.255.255.0
Router2（config-if）#no shutdown
Router2（config）#interface s3/0
Router2（config-if）#ip address 192.168.2.1 255.255.255.0
Router2（config-if）#no shutdown
Router2（config-if）#clock rate 64000
Router2（config-if）#exit
Router2（config）#router ospf 1　　　　　　　// 0# 区域包含 3 个网络
Router2（config-router）#network 192.168.22.0 0.0.0.255 area 0
Router2（config-router）#network 192.168.2.0 0.0.0.255 area 0　　// 0# 区域
Router2（config-router）#network 192.168.1.0 0.0.0.255 area 1　　// 1# 区域
Router2（config-router）#end
Router2#
（3）路由器 Router3 上的配置：
Router3>enable
Router3# config terminal
Router3（config）#interface fa0/0
Router3（config-if）#ip address 192.168.33.1 255.255.255.0
Router3（config-if）#no shutdown

Router3（config）#interface s0/0

Router3（config-if）#ip address 192.168.2.2 255.255.255.0

Router3（config-if）#no shutdown

Router3（config）#interface s0/1

Router3（config-if）#ip address 192.168.3.1 255.255.255.0

Router3（config-if）#no shutdown

Router3（config-if）#clock rate 64000

Router3（config-if）#exit

Router3（config）#router ospf 1 　　　　　　// 0# 区域里直接连着 3 个网络

Router3（config-router）#network 192.168.33.0 0.0.0.255 area 0　//0 表示 0#区域

Router3（config-router）#network 192.168.2.0 0.0.0.255 area 0

Router3（config-router）#network 192.168.3.0 0.0.0.255 area 2　//2 表示 2#区域

Router3（config-router）#end

Router3#

（4）路由器 Router4 上的配置：

Router4>enable

Router4#config terminal

Router4（config）#interface fa0/0

Router4（config-if）#ip address 192.168.44.1 255.255.255.0

Router4（config-if）#no shutdown

Router4（config）#interface fa0/1

Router4（config-if）#ip address 192.168.55.1 255.255.255.0

Router4（config-if）#no shutdown

Router4（config）#interface s0/0

Router4（config-if）#ip address 192.168.3.2 255.255.255.0

Router4（config-if）#no shutdown

Router4（config-if）#exit

Router4（config）#router ospf 1 　　　　　　　//2# 区域包含 3 个网络

Router4（config-router）#network 192.168.44.0 0.0.0.255 area 2　//2 表示 2#区域

Router4（config-router）#network 192.168.55.0 0.0.0.255 area 2

Router4（config-router）#network 192.168.3.0 0.0.0.255 area 2

Router4（config-router）#end

Router4#

3. 查看路由表，测试网络连通性

（1）查看路由表信息。

①查看路由器 Router1 的路由信息：

Router1#　show ip route

该命令的执行结果如图 3-30 所示。

图 3-30 中字母 O 标记的路由信息就是 OSPF 协议执行的结果，而字母 C 标记的路由信

息是该路由器直接相连的网络。路由信息［110/1562］中 110 表示管理距离（路由协议优先级），1562 表示一种度量。IA 表示这些网段与路由器 1 不在同一个 OSPF 区域。本实验的网络拓扑一共互连了 8 个网络，从图 3-30 中看到的路由表也是 8 条路由信息，说明测试验证结果和预期相符。

```
Router1#show ip route
Codes: C - connected, S - static, I - IGRP, R - RIP, M - mobile, B - BGP
       D - EIGRP, EX - EIGRP external, O - OSPF, IA - OSPF inter area
       N1 - OSPF NSSA external type 1, N2 - OSPF NSSA external type 2
       E1 - OSPF external type 1, E2 - OSPF external type 2, E - EGP
       i - IS-IS, L1 - IS-IS level-1, L2 - IS-IS level-2, ia - IS-IS inter area
       * - candidate default, U - per-user static route, o - ODR
       P - periodic downloaded static route

Gateway of last resort is not set

C    192.168.1.0/24 is directly connected, Serial2/0
O IA 192.168.2.0/24 [110/1562] via 192.168.1.2, 01:06:36, Serial2/0
O IA 192.168.3.0/24 [110/1626] via 192.168.1.2, 00:49:08, Serial2/0
C    192.168.11.0/24 is directly connected, FastEthernet0/0
O IA 192.168.22.0/24 [110/782] via 192.168.1.2, 00:49:24, Serial2/0
O IA 192.168.33.0/24 [110/1563] via 192.168.1.2, 00:49:08, Serial2/0
O IA 192.168.44.0/24 [110/1627] via 192.168.1.2, 00:14:20, Serial2/0
O IA 192.168.55.0/24 [110/1627] via 192.168.1.2, 00:14:20, Serial2/0
Router1#
```

图 3-30　OSPF 动态路由协议执行后路由器 Router1 的路由信息表

路由器 Router1 各端口网络参数配置完成后，当前状态如图 3-31 所示。其中，标记为 Up 的是激活在使用的端口，标记为 Down 的是未使用的备用端口。

```
Port             Link    IP Address          IPv6 Address                    MAC Address
FastEthernet0/0  Up      192.168.11.1/24     <not set>                       00D0.BAE0.709B
FastEthernet1/0  Down    <not set>           <not set>                       0030.A34E.53D2
Serial2/0        Up      192.168.1.1/24      <not set>                       <not set>
Serial3/0        Down    <not set>           <not set>                       <not set>
FastEthernet4/0  Down    <not set>           <not set>                       0007.ECC8.0232
FastEthernet5/0  Down    <not set>           <not set>                       00E0.F7A0.187E
Hostname: Router1
```

图 3-31　路由器 Router1 各端口配置当前状态

②查看路由器 Router2 的路由信息：

Router2♯ show ip route

该命令的执行结果如图 3-32 所示。从图中看到的路由表也是 8 条路由信息，其中 3 条标记 C 的路由是 Router2 直连网络，另外 5 条标记 O 的路由是 Router2 执行 OSPF 协议和其他路由器动态交互路由信息刷新的。对于 Router2 来说，其通过 OSPF 协议所获得的非直连路由有两种，一种是区域内部（area 0 和 area 1）的非直连网段 192.168.11.0/24 和 192.168.33.0/24，另一种是区域外部（标记 IA）的非直连网段 192.168.3.0、192.168.44.0/24 和 192.168.55.0/24。这些网段的路由都已添加到路由表中。测试验证结果和预期相符。

路由器 Router2 各端口网络参数配置完成后，当前状态如图 3-33 所示。其中，标记为 Up 的是激活在使用的端口，标记为 Down 的是未使用的备用端口。

分析比较 Router1、Router2 路由表各自的特点。路由器 Router3、Router4 端口配置状态浏览和路由表信息查看过程略。但 Router1、Router2 路由信息正确并不等于 Router3、Router4 的路由信息一定正确。因此，本实验是否成功必须查看分析所有路由器的路由表信息。

```
Router2#show ip route
Codes: C - connected, S - static, I - IGRP, R - RIP, M - mobile, B - BGP
       D - EIGRP, EX - EIGRP external, O - OSPF, IA - OSPF inter area
       N1 - OSPF NSSA external type 1, N2 - OSPF NSSA external type 2
       E1 - OSPF external type 1, E2 - OSPF external type 2, E - EGP
       i - IS-IS, L1 - IS-IS level-1, L2 - IS-IS level-2, ia - IS-IS inter area
       * - candidate default, U - per-user static route, o - ODR
       P - periodic downloaded static route

Gateway of last resort is not set

C    192.168.1.0/24 is directly connected, Serial2/0
C    192.168.2.0/24 is directly connected, Serial3/0
O IA 192.168.3.0/24 [110/845] via 192.168.2.2, 04:59:28, Serial3/0
O    192.168.11.0/24 [110/782] via 192.168.1.1, 04:59:38, Serial2/0
C    192.168.22.0/24 is directly connected, FastEthernet0/0
O    192.168.33.0/24 [110/782] via 192.168.2.2, 04:59:28, Serial3/0
O IA 192.168.44.0/24 [110/846] via 192.168.2.2, 04:59:28, Serial3/0
O IA 192.168.55.0/24 [110/846] via 192.168.2.2, 04:59:28, Serial3/0
Router2#
```

图 3-32 OSPF 动态路由协议执行后路由器 Router2 的路由信息表

```
Port            Link   IP Address        IPv6 Address         MAC Address
FastEthernet0/0 Up     192.168.22.1/24   <not set>            0060.5C9B.66BE
FastEthernet1/0 Down   <not set>         <not set>            00D0.BC68.1E20
Serial2/0       Up     192.168.1.2/24    <not set>            <not set>
Serial3/0       Up     192.168.2.1/24    <not set>            <not set>
FastEthernet4/0 Down   <not set>         <not set>            0004.9A67.064B
FastEthernet5/0 Down   <not set>         <not set>            0060.3EAE.B68C
Hostname: Router2
```

图 3-33 路由器 Router2 各端口配置当前状态

（2）用 ping 命令进行测试：

Router1♯ ping 192.168.55.100   //测试 Router1 和 Router4 直连网络的连通性

路由器也可以使用 ping 命令测试连通性。192.168.55.0 网络中只有 PC3（IP 地址是 192.168.55.100）一台主机。该命令的执行结果如图 3-34 所示。连通率 100%。

```
Router1#
Router1#ping 192.168.55.100

Type escape sequence to abort.
Sending 5, 100-byte ICMP Echos to 192.168.55.100, timeout is 2 seconds:
!!!!!
Success rate is 100 percent (5/5), round-trip min/avg/max = 110/116/125 ms

Router1#
```

图 3-34 路由器执行 ping 命令的结果

如果用主机 PC0 来完成同样的测试任务，则命令的执行结果如图 3-35 所示。测试结果虽然一样，但命令的执行过程和输出信息是有差别的。

4. 查看 OSPF 运行信息

（1）查看 Router2 的 OSPF 数据信息：

Router2♯ show ip ospf

```
PC>ping 192.168.55.100

Pinging 192.168.55.100 with 32 bytes of data:

Reply from 192.168.55.100: bytes=32 time=156ms TTL=124
Reply from 192.168.55.100: bytes=32 time=125ms TTL=124
Reply from 192.168.55.100: bytes=32 time=157ms TTL=124
Reply from 192.168.55.100: bytes=32 time=156ms TTL=124

Ping statistics for 192.168.55.100:
    Packets: Sent = 4, Received = 4, Lost = 0 (0% loss),
Approximate round trip times in milli-seconds:
    Minimum = 125ms, Maximum = 157ms, Average = 148ms

PC>
```

图 3-35　主机 PC0 执行 ping 命令的结果

命令执行后结果如图 3-36 所示。图中显示 Router2 的 OSPF 路由进程 ID 是 1，它的路由器 ID 是 192.168.22.1，属于区域边界路由器（ABR），其端口所属的区域分别是区域 0（主干区域）和区域 1。

```
Router2#show ip ospf
 Routing Process "ospf 1" with ID 192.168.22.1
 Supports only single TOS(TOS0) routes
 Supports opaque LSA
 It is an area border router
 SPF schedule delay 5 secs, Hold time between two SPFs 10 secs
 Minimum LSA interval 5 secs. Minimum LSA arrival 1 secs
 Number of external LSA 0. Checksum Sum 0x000000
 Number of opaque AS LSA 0. Checksum Sum 0x000000
 Number of DCbitless external and opaque AS LSA 0
 Number of DoNotAge external and opaque AS LSA 0
 Number of areas in this router is 2. 2 normal 0 stub 0 nssa
 External flood list length 0
    Area BACKBONE(0)
        Number of interfaces in this area is 2
        Area has no authentication
        SPF algorithm executed 6 times
        Area ranges are
        Number of LSA 7. Checksum Sum 0x06cb10
        Number of opaque link LSA 0. Checksum Sum 0x000000
        Number of DCbitless LSA 0
        Number of indication LSA 0
        Number of DoNotAge LSA 0
        Flood list length 0
    Area 1
        Number of interfaces in this area is 1
        Area has no authentication
        SPF algorithm executed 6 times
        Area ranges are
        Number of LSA 8. Checksum Sum 0x07723a
        Number of opaque link LSA 0. Checksum Sum 0x000000
        Number of DCbitless LSA 0
        Number of indication LSA 0
        Number of DoNotAge LSA 0
        Flood list length 0

Router2#
```

图 3-36　查看 Router2 的 OSPF 数据信息

（2）查看 OSPF 数据库信息：

Router2♯ show ip ospf database

命令执行后结果如图 3-37 所示。

```
Router2#show ip ospf data
          OSPF Router with ID (192.168.22.1) (Process ID 1)

              Router Link States (Area 0)

Link ID          ADV Router       Age        Seq#        Checksum Link count
192.168.22.1     192.168.22.1     1006       0x80000006 0x00fdff 3
192.168.33.1     192.168.33.1     1006       0x80000006 0x00fdff 3


              Summary Net Link States (Area 0)
Link ID          ADV Router       Age        Seq#        Checksum
192.168.1.0      192.168.22.1     1001       0x80000007 0x00f902
192.168.11.0     192.168.22.1     997        0x80000008 0x00f902
192.168.3.0      192.168.33.1     1002       0x8000000a 0x00f504
192.168.44.0     192.168.33.1     1002       0x8000000b 0x00f306
192.168.55.0     192.168.33.1     1002       0x8000000c 0x00f504

              Router Link States (Area 1)

Link ID          ADV Router       Age        Seq#        Checksum Link count
192.168.22.1     192.168.22.1     1006       0x80000005 0x00fdff 2
192.168.11.1     192.168.11.1     1007       0x80000006 0x00fdff 3

              Summary Net Link States (Area 1)
Link ID          ADV Router       Age        Seq#        Checksum
192.168.22.0     192.168.22.1     1001       0x80000013 0x00e90a
192.168.2.0      192.168.22.1     1001       0x80000014 0x00e90a
192.168.33.0     192.168.22.1     1001       0x80000015 0x00e90a
192.168.3.0      192.168.22.1     992        0x80000016 0x00e90a
192.168.44.0     192.168.22.1     992        0x80000017 0x00e90a
192.168.55.0     192.168.22.1     992        0x80000018 0x00e90a
Router2#
```

图 3-37　OSPF 协议执行后 Router2 路由器的数据库信息

5. 查看相邻路由器信息

（1）查询相邻路由器信息：

Router2♯ show ip ospf neighbor

命令执行后结果如图 3-38 所示。图中显示路由器 Router2 有 2 个相邻路由器以及相邻路由器的 ID、优先级、状态、失效时间、地址和连接接口编号等信息。这些信息在 OSPF 协议执行时对生成 Hello 数据包以及 Hello 数据包在直接连接的邻居之间进行交换都起到重要作用。

```
Router2#show ip ospf neighbor
Neighbor ID      Pri   State           Dead Time   Address       Interface
192.168.33.1     1     FULL/-          00:00:33    192.168.2.2   Serial3/0
192.168.11.1     1     FULL/-          00:00:37    192.168.1.1   Serial2/0
Router2#
```

图 3-38　查询路由器 Router2 相邻路由器信息

（2）查询相邻路由器详细信息：

Router2＃ show ip ospf neighbor detail

命令执行后结果如图 3-39 所示。详细说明相邻路由器的各端口参数状态。

```
Router2#show ip ospf neighbor detail
 Neighbor 192.168.33.1, interface address 192.168.2.2
    In the area 0 via interface Serial3/0
    Neighbor priority is 1, State is FULL, 6 state changes
    DR is 0.0.0.0 BDR is 0.0.0.0
    Options is 0x00
    Dead timer due in 00:00:35
    Neighbor is up for 02:04:33
    Index 1/1, retransmission queue length 0, number of retransmission 0
    First 0x0(0)/0x0(0) Next 0x0(0)/0x0(0)
    Last retransmission scan length is 0, maximum is 0
    Last retransmission scan time is 0 msec, maximum is 0 msec
 Neighbor 192.168.11.1, interface address 192.168.1.1
    In the area 1 via interface Serial2/0
    Neighbor priority is 1, State is FULL, 6 state changes
    DR is 0.0.0.0 BDR is 0.0.0.0
    Options is 0x00
    Dead timer due in 00:00:39
    Neighbor is up for 02:04:30
    Index 2/2, retransmission queue length 0, number of retransmission 0
    First 0x0(0)/0x0(0) Next 0x0(0)/0x0(0)
    Last retransmission scan length is 0, maximum is 0
    Last retransmission scan time is 0 msec, maximum is 0 msec
Router2#
```

图 3-39　查询路由器 Router2 相邻路由器的详细信息

6. 自治系统内部区域间的路由汇总

（1）在路由器 Router3 上实现区域 2 的网络路由汇总，然后将汇总通告区域 0。首先执行命令 Router3＃show ip route 查看 Router3 上的当前路由信息，查询结果如图 3-40 所示。

```
Router3#show ip route
Codes: C - connected, S - static, I - IGRP, R - RIP, M - mobile, B - BGP
       D - EIGRP, EX - EIGRP external, O - OSPF, IA - OSPF inter area
       N1 - OSPF NSSA external type 1, N2 - OSPF NSSA external type 2
       E1 - OSPF external type 1, E2 - OSPF external type 2, E - EGP
       i - IS-IS, L1 - IS-IS level-1, L2 - IS-IS level-2, ia - IS-IS inter area
       * - candidate default, U - per-user static route, o - ODR
       P - periodic downloaded static route

Gateway of last resort is not set

O IA 192.168.1.0/24 [110/845] via 192.168.2.1, 08:12:04, Serial0/0
C    192.168.2.0/24 is directly connected, Serial0/0
C    192.168.3.0/24 is directly connected, Serial0/1
O IA 192.168.11.0/24 [110/846] via 192.168.2.1, 08:12:04, Serial0/0
O    192.168.22.0/24 [110/846] via 192.168.2.1, 08:12:04, Serial0/0
C    192.168.33.0/24 is directly connected, FastEthernet0/0
O    192.168.44.0/24 [110/65] via 192.168.3.2, 08:12:09, Serial0/1
O    192.168.55.0/24 [110/65] via 192.168.3.2, 08:12:09, Serial0/1
Router3#
```

图 3-40　查看 Router3 的当前路由信息

（2）执行汇总命令：

Router3♯ config terminal

Router3（config）♯ router ospf 1

Router3（config-router）♯ area 2 range 192.168.0.0 255.255.192.0

①再次查看 Router3 的路由信息。

②查看 Router1 的路由信息。

③测试 Router1 和 Router4 的连通性：

Router1♯ ping 192.168.44.1

④查看 Router2 上的 OSPF 数据库信息：

Router2♯ show ip ospf database

3.4.6　实验报告要求

1. 实验报告中必须有 OSPF 协议执行前后各路由器的路由表对比。

2. 实验报告中必须有 OSPF 协议执行前后各以太网主机之间连通性测试对比。

3. 其他要求同 3.3 节的 RIP 路由配置实验。

思考题

1. 路由器的路由表中标记字母 O 的含义是什么？

2. OSPF 协议工作原理中，主区域和其他区域的区别是什么？

3. 路由器和 PC 上都能执行 ping 命令，区别是什么？

4. 如果路由器进行子网划分，其关键问题是什么？

3.5　加入子网划分的 OSPF 多区域路由协议配置实验

3.5.1　实验目的

1. 理解子网划分的概念及原理。

2. 掌握子网掩码的计算和配置。

3.5.2　实验背景知识

划分子网可以节约 IP 地址资源，减少网络广播风暴以及增加网络安全性等。划分子网也可以方便、灵活地进行内部网络的重新组织管理，最大化地充分利用已有的 IP 地址资源，从经济的角度说也是很划算的。子网划分是一个网络内部管理的需要，大到像 ISP 这样的机构、企业，小到一个办公室甚至家庭、个人都可以根据需要进行子网划分。

子网划分需首先保证在网络号不变的情况下，通过借用 IP 地址的若干主机位来充当子网地址从而将原网络划分为若干子网。划分子网时，随着子网地址借用主机位数的增多，子网的数目随之增加，而每个子网中的可用主机数逐渐减少。子网里的主机数太少是没有意义的，所以，只有主机空间足够大时才有划分子网的必要。

划分子网，实际上就是设计子网掩码的过程。可以理解为通过使用掩码，把子网隐藏起来，使得从外部看网络并没有变化，这就是子网掩码。子网掩码是一个 32 位的二进制数，其对应网络地址的所有位都置为 1，对应于主机地址的所有位都置为 0。为了区分有无子网划分，特别给 IPv4 地址定义了 A 类、B 类和 C 类三个默认子网掩码。即 255.0.0.0、255.255.0.0 和 255.255.255.0。将子网掩码和 IP 地址按位进行逻辑"与"运算，就可以计算出网络地址（含子网），剩下的部分就是主机地址。子网掩码已经是主机、路由器进行网络参数配置的必不可少的参数，必须和 IP 地址成对配置使用。甚至在路由器存储转发 IP 数据报的过程中，也必须进行子网掩码的计算和匹配才能使路由器正确判断当前收到的报文是否是其直连网段的，从而正确地进行路由配置。

3.5.3　实验内容

1. 在本章 3.4 节实验的基础上，修改互连网络拓扑，增加路由器以太网接口以便划分子网。
2. 在划分子网的路由器上配置合适的子网掩码等网络参数。

3.5.4　实验环境

为保证理论知识的连贯性和降低实验的复杂度，本次实验在本章 3.4 节动态路由配置协议 OSPF（Cisco 路由器）的基础上只对部分路由器进行调整和设计，扩充路由器端口进行子网划分。修改后的互联网络拓扑结构如图 3-41 所示。具体调整措施如下：

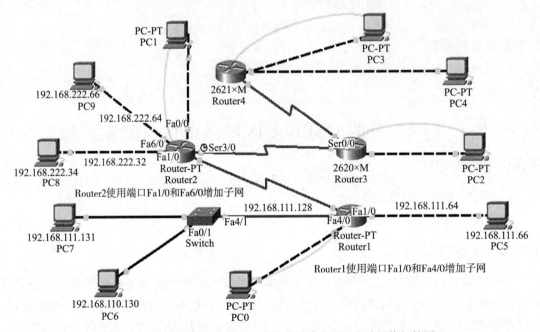

图 3-41　加入子网划分的 OSPF 多区域路由配置实验网络拓扑图

（1）在区域 1 的路由器 Router1（思科虚拟实验平台，Generic 型号）上增加 2 个子网、3 个主机 PC5～PC7，子网掩码设计为 255.255.255.192。对于 C 类 IPv4 地址，每个子网最多可以接入 62（2^6-2）台主机。Router1 的 Fa1/0 端口的网络号是 192.168.111.64，Fa4/0 端口的网络号是 192.168.111.128。其中 Fa4/0 端口使用的是光纤接口（吉比网）。

（2）在区域 0 的路由器 Router2（思科虚拟实验平台，Generic 型号）上增加 2 个子网、2 个主机（PC8 和 PC9），子网掩码设计为 255.255.255.224。对于 C 类 IPv4 地址，每个子网最多可以接入 30（$2^5 - 2$）台主机。Router2 的 Fa1/0 端口的网络号是 192.168.222.32，Fa6/0 端口的网络号是 192.168.222.64。其中 Fa6/0 端口是新增加的模块。

（3）有关子网的路由器端口、子网网络号以及 4 个子网中的主机 PC5～PC9 的 IP 地址等都在图 3-41 中进行了标注。

（4）图 3-41 中用时钟图案标记的 Router2 端口 Ser3/0 就是串行电缆的 DCE 端，没有时钟标记的 Router3 端口 Ser0/0 就是串行电缆的 DTE 端。

（5）在区域 1 的路由器 Router1（Generic 型号）上增加了两个子网。子网掩码是 255.255.255.192。Fa1/0 上的网络号是 192.168.111.64，Fa4/0 上的网络号是 192.168.111.128。其中 Fa4/0 端口使用的是光纤接口（吉比网）。

（6）在区域 0 的路由器 Router2（Generic 型号）上也增加了两个子网。子网掩码是 255.255.255.224。Fa1/0 上的网络号是 192.168.222.32，Fa6/0 上的网络号是 192.168.222.64。其中 Fa6/0 端口是新增加的模块。

3.5.5　实验步骤

在本章 3.4 节实验的基础上，增补配置以下命令，就能完成简单的子网划分实验。

1. 各以太网里新增主机的网络参数配置

表 3-4 是对每个子网里新增加的主机 PC5～PC9 进行网络参数配置的数据。其中子网掩码和默认网关的配置不是随意的，需要设计和计算，网络参数配置如表 3-4 所示，配置参数后 Router1 当前的端口状态如图 3-42 所示，Router2 当前的端口状态如图 3-43 所示。

表 3-4　划分子网新增加的主机网络参数配置

路由器接口	网络号	主机	IP 地址	子网掩码	默认网关
Router1 的 Fa1/0	192.168.111.64	PC5	192.168.111.66	255.255.255.192	192.168.111.65
Router1 的 Fa4/0	192.168.111.128	PC6	192.168.111.130	255.255.255.192	192.168.111.192
Router1 的 Fa4/0	192.168.111.128	PC7	192.168.111.131	255.255.255.192	192.168.111.192
Router2 的 Fa1/0	192.168.222.32	PC8	192.168.222.34	255.255.255.224	192.168.222.33
Router2 的 Fa6/0	192.168.222.64	PC9	192.168.222.66	255.255.255.224	192.168.222.65

2. 在路由器 Router1 上的配置

Router1> enable
Router1# config terminal
Router1（config）# interface fa1/0
Router1（config-if）# ip address 192.168.111.65 255.255.255.192　　//子网掩码非默认
Router1（config-if）# no shutdown
Router1（config）# interface fa4/0
Router1（config-if）# ip address 192.168.111.192 255.255.255.192　　//子网掩码非默认
Router1（config-if）# no shutdown

Router1（config-if）# exit

Router1（config）# router ospf 1　　　//执行 OSPF 路由协议

Router1（config-router）# network 192.168.111.64 0.0.0.63 area 1　//子网划入 1#区域

Router1（config-router）# network 192.168.111.128 0.0.0.63 area 1

Router1（config-router）# end

Router1#

```
Port            Link    IP Address          IPv6 Address                        MAC Address
FastEthernet0/0  Up     192.168.11.1/24     <not set>                           00D0.BAE0.709B
FastEthernet1/0  Up     192.168.111.65/26   <not set>                           0030.A34E.53D2
Serial2/0        Up     192.168.1.1/24      <not set>                           <not set>
Serial3/0        Down   <not set>           <not set>                           <not set>
FastEthernet4/0  Up     192.168.111.129/26  <not set>                           0007.ECC8.0232
FastEthernet5/0  Down   <not set>           <not set>                           00E0.F7A0.187E
Hostname: Router1
```

图 3-42　配置完网络参数后 Router1 当前的端口状态

```
Port            Link    IP Address          IPv6 Address                        MAC Address
FastEthernet0/0  Up     192.168.22.1/24     <not set>                           0060.5C9B.66BE
FastEthernet1/0  Up     192.168.222.33/27   <not set>                           00D0.BC68.1E20
Serial2/0        Up     192.168.1.2/24      <not set>                           <not set>
Serial3/0        Up     192.168.2.1/24      <not set>                           <not set>
FastEthernet4/0  Down   <not set>           <not set>                           0004.9A67.064B
FastEthernet5/0  Down   <not set>           <not set>                           0060.3EAE.B68C
FastEthernet6/0  Up     192.168.222.65/27   <not set>                           0005.5ECA.82CB
Hostname: Router2
```

图 3-43　配置完网络参数后 Router2 当前的端口状态

3. 在路由器 Router2 上的配置

Router2> enable

Router2# config terminal

Router2（config）# interface fa1/0

Router2（config-if）# ip address 192.168.222.33 255.255.255.224　//子网掩码非默认

Router2（config-if）# no shutdown

Router2（config）# interface fa6/0

Router2（config-if）# ip address 192.168.222.65 255.255.255.224　//子网掩码非默认

Router2（config-if）# no shutdown

Router2（config-if）# exit

Router2（config）# router ospf 1

Router2（config-router）# network 192.168.222.32 0.0.0.31 area 0　//子网划入#0 区域

Router2（config-router）# network 192.168.222.64 0.0.0.31 area 0

Router2（config-router）# end

Router2#

4. 分别查看各个路由器的路由表

（1）查看路由器 Router1 的路由信息：

Router1# show ip route

Router1 路由器执行命令后当前的路由信息如图 3-44 所示。

```
Router1#show ip route
Codes: C - connected, S - static, I - IGRP, R - RIP, M - mobile, B - BGP
       D - EIGRP, EX - EIGRP external, O - OSPF, IA - OSPF inter area
       N1 - OSPF NSSA external type 1, N2 - OSPF NSSA external type 2
       E1 - OSPF external type 1, E2 - OSPF external type 2, E - EGP
       i - IS-IS, L1 - IS-IS level-1, L2 - IS-IS level-2, ia - IS-IS inter area
       * - candidate default, U - per-user static route, o - ODR
       P - periodic downloaded static route

Gateway of last resort is not set

C    192.168.1.0/24 is directly connected, Serial2/0
O IA 192.168.2.0/24 [110/1562] via 192.168.1.2, 01:16:22, Serial2/0
O IA 192.168.3.0/24 [110/1626] via 192.168.1.2, 01:16:22, Serial2/0
C    192.168.11.0/24 is directly connected, FastEthernet0/0
O IA 192.168.22.0/24 [110/782] via 192.168.1.2, 01:16:22, Serial2/0
O IA 192.168.33.0/24 [110/1563] via 192.168.1.2, 01:16:22, Serial2/0
O IA 192.168.44.0/24 [110/1627] via 192.168.1.2, 01:16:22, Serial2/0
O IA 192.168.55.0/24 [110/1627] via 192.168.1.2, 01:16:22, Serial2/0
     192.168.111.0/26 is subnetted, 2 subnets
C       192.168.111.64 is directly connected, FastEthernet1/0
C       192.168.111.128 is directly connected, FastEthernet4/0
     192.168.222.0/27 is subnetted, 2 subnets
O IA    192.168.222.32 [110/782] via 192.168.1.2, 01:16:22, Serial2/0
O IA    192.168.222.64 [110/782] via 192.168.1.2, 01:16:22, Serial2/0
Router1#
```

图 3-44　增加子网划分的 Router1 路由表

（2）查看路由器 Router2 的路由信息：

Router2＃ show ip route

Router2 路由器执行命令后当前的路由信息如图 3-45 所示。

```
Router2#show ip route
Codes: C - connected, S - static, I - IGRP, R - RIP, M - mobile, B - BGP
       D - EIGRP, EX - EIGRP external, O - OSPF, IA - OSPF inter area
       N1 - OSPF NSSA external type 1, N2 - OSPF NSSA external type 2
       E1 - OSPF external type 1, E2 - OSPF external type 2, E - EGP
       i - IS-IS, L1 - IS-IS level-1, L2 - IS-IS level-2, ia - IS-IS inter are
       * - candidate default, U - per-user static route, o - ODR
       P - periodic downloaded static route

Gateway of last resort is not set

C    192.168.1.0/24 is directly connected, Serial2/0
C    192.168.2.0/24 is directly connected, Serial3/0
O IA 192.168.3.0/24 [110/845] via 192.168.2.2, 01:24:42, Serial3/0
O    192.168.11.0/24 [110/782] via 192.168.1.1, 01:24:47, Serial2/0
C    192.168.22.0/24 is directly connected, FastEthernet0/0
O    192.168.33.0/24 [110/782] via 192.168.2.2, 01:24:42, Serial3/0
O IA 192.168.44.0/24 [110/846] via 192.168.2.2, 01:24:42, Serial3/0
O IA 192.168.55.0/24 [110/846] via 192.168.2.2, 01:24:42, Serial3/0
     192.168.111.0/26 is subnetted, 2 subnets
O       192.168.111.64 [110/782] via 192.168.1.1, 01:24:47, Serial2/0
O       192.168.111.128 [110/782] via 192.168.1.1, 01:24:47, Serial2/0
     192.168.222.0/27 is subnetted, 2 subnets
C       192.168.222.32 is directly connected, FastEthernet1/0
C       192.168.222.64 is directly connected, FastEthernet6/0
Router2#
```

图 3-45　增加子网划分的 Router2 路由表

分析比较图 3-44 和图 3-45 的路由表信息，可以看出 Router1 和 Router2 比之前都多了 4 条路由。192.168.222.32 和 192.168.222.64 是 Router2 新增的两个子网，但对外仍是一个网络（192.168.222.0）。192.168.111.64 和 192.168.111.128 是 Router1 新增的两个子网，但对外仍是一个网络（192.168.111.0）。Router3 和 Router4 的路由表信息检测过程略，但务必都有查看验证才能全面完整地判断路由配置的效果。

5. 测试网络连通性

通过 PC3 分别和新接入网络的主机 PC5～PC9 使用 ping 命令进行连通性测试。部分测试执行结果如图 3-46 所示。其他主机的连通测试命令略。

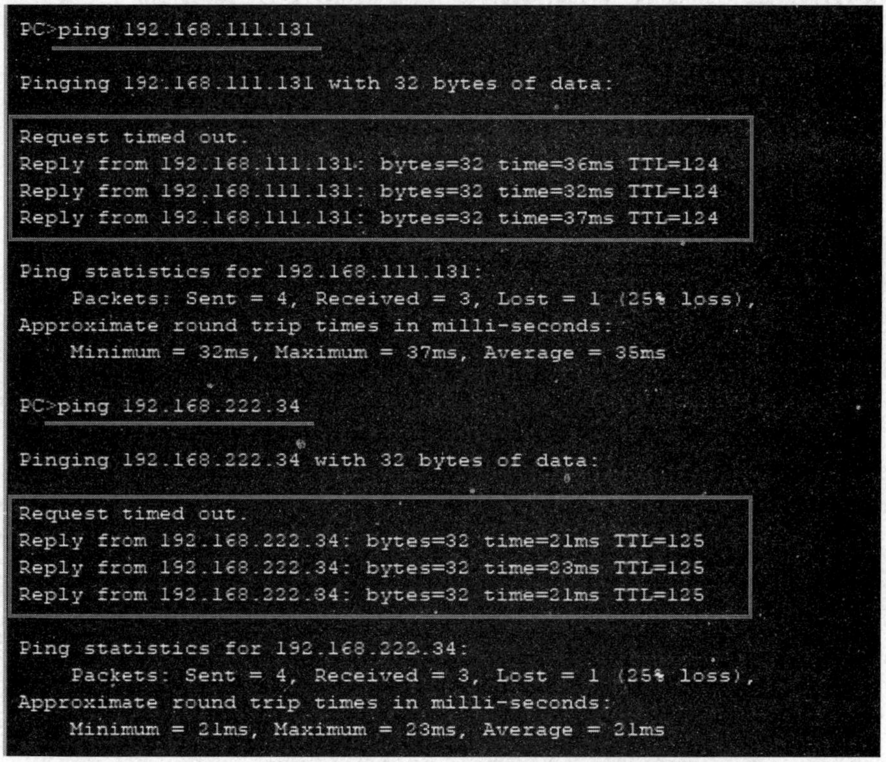

```
PC>ping 192.168.111.131

Pinging 192.168.111.131 with 32 bytes of data:

Request timed out.
Reply from 192.168.111.131: bytes=32 time=36ms TTL=124
Reply from 192.168.111.131: bytes=32 time=32ms TTL=124
Reply from 192.168.111.131: bytes=32 time=37ms TTL=124

Ping statistics for 192.168.111.131:
    Packets: Sent = 4, Received = 3, Lost = 1 (25% loss),
Approximate round trip times in milli-seconds:
    Minimum = 32ms, Maximum = 37ms, Average = 35ms

PC>ping 192.168.222.34

Pinging 192.168.222.34 with 32 bytes of data:

Request timed out.
Reply from 192.168.222.34: bytes=32 time=21ms TTL=125
Reply from 192.168.222.34: bytes=32 time=23ms TTL=125
Reply from 192.168.222.34: bytes=32 time=21ms TTL=125

Ping statistics for 192.168.222.34:
    Packets: Sent = 4, Received = 3, Lost = 1 (25% loss),
Approximate round trip times in milli-seconds:
    Minimum = 21ms, Maximum = 23ms, Average = 21ms
```

图 3-46　PC3 分别与 PC7、PC8 的测试连通性结果

3.5.6　实验报告要求

1. 严格按照实验要求完成各项内容。
2. 拓扑图要明确标注哪个路由器进行了子网划分。

思考题

1. 一个路由器不同接口的子网如何划分？
2. 按照本实验的设计数据，计算 PC5～PC9 等主机所在子网的编号以及主机编号。
3. 尝试设计新的子网掩码，划分新的子网。
4. 为什么 ping 命令执行时，对第一个报文的响应往往是 Request timed out？

第4章 居民宽带接入因特网技术实践

4.1 ADSL 宽带接入技术

4.1.1 实验目的

1. 掌握 Windows 7 下 ADSL 上网设备的连接方法。
2. 了解 ADSL 连接步骤及相关网络组件安装和设置方法。

4.1.2 实验背景

非对称数字用户线路（Asymmetric Digital Subscriber Line，ADSL）业务是宽带接入技术中的一种，它利用现有的用户电话线，采用先进的复用技术和调制技术，使得高速的数字信息和电话语音信息在一对电话线的不同频段上同时传输，为用户提供宽带接入的同时，维持用户原有的电话业务及电话质量不变。ADSL 是利用分频技术把普通电话线路所传输的低频信号和高频信号分离，4kHz 以下频段仍用于传送 POTS（传统电话业务），20～138kHz 的频段用来传送上行信号，138kHz～1.1MHz 的频段用来传送下行信号。DMT 技术可以根据线路的情况调整在每个信道上所调制的比特数，以便充分地利用线路。

4.1.3 实验内容

1. 完成 ADSL 各个设备之间的连接。
2. 完成 ADSL 上网组件的设置，接入因特网。

4.1.4 实验环境

分线器 1 个，如图 4-1 所示；ADSL Modem 1 个，如图 4-2 所示。

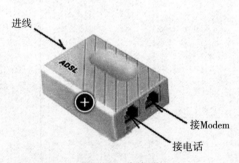

图 4-1　分线器

图 4-2　ADSL Modem

其他设备如网卡接口为 RJ45 的计算机 1 台，固定电话机 1 部，电话线 2 根，RJ45 水晶头若干，双绞线若干米。

4.1.5 实验步骤

1. 硬件连接

（1）向当地 ISP 申请 ADSL 宽带上网账号，获得上网账号和用户密码。

（2）如图 4-3 所示，将引入的电话线连接分线器的 Line 端口，接着用一根电话线一端固定电话，另一端连接到分线器 Phone 端口，将另一根电话线一端连接分线器的 Modem 端口，另一端连接 ADSL Modem 的 ADSL 端口。最后将非屏蔽双绞线一端连接计算机的网卡接口，另一端连接 ADSL Modem 的 Ethernet 端口。

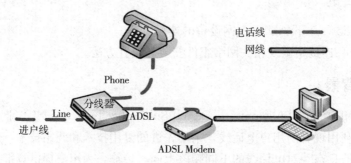

图 4-3 ADSL 设备连接示意

2. 软件设置

（1）启动计算机。在"开始"菜单中右击，从弹出的菜单中选择"设置"→"网络连接"→"打开"命令。

（2）如图 4-4 所示，在弹出的"网络连接"窗口左侧单击"创建一个新的连接"选项。

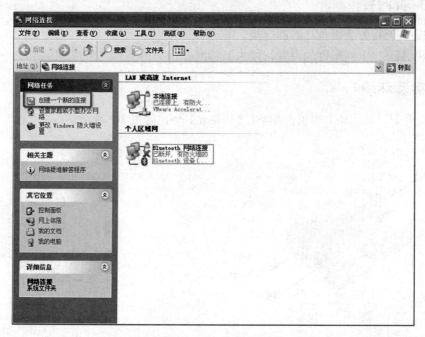

图 4-4 单击"创建一个新的连接"选项

（3）如图 4-5 所示，在弹出的"新建连接向导"对话框中单击"下一步"按钮。

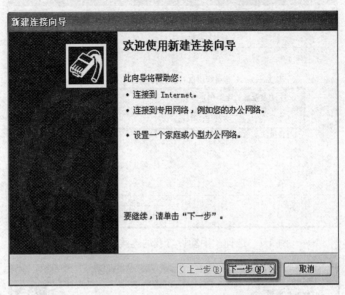

图 4-5　"新建连接向导"对话框

（4）如图 4-6 所示，在弹出的对话框中选择"连接到 Internet"单选按钮，然后单击"下一步"按钮。

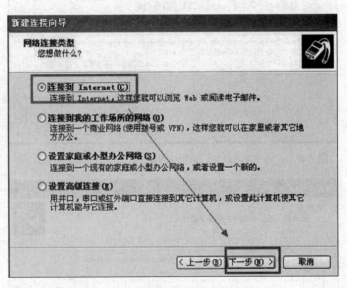

图 4-6　"连接到 Internet"对话框

（5）如图 4-7 所示，在弹出的对话框中选择"手动设置我的连接"单选按钮，然后单击"下一步"按钮。

（6）如图 4-8 所示，在弹出的对话框中选择"用要求用户名和密码的宽带连接来连接"单选按钮，然后单击"下一步"按钮。

（7）如图 4-9 所示，在弹出的对话框中的文本框中输入 ISP 名称（服务提供商名称，如电信、网通等），然后单击"下一步"按钮。

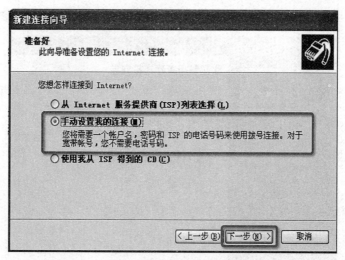

图 4-7 选择"手动设置我的连接"单选按钮

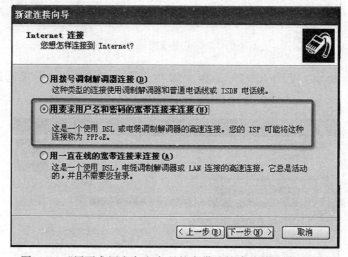

图 4-8 "用要求用户名和密码的宽带连接来连接"单选按钮

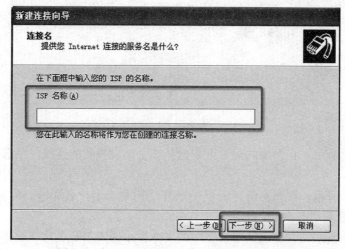

图 4-9 在"ISP 名称"文本框中输入 ISP 名称

（8）如图 4-10 所示，在弹出的对话框中的文本框中输入 ISP 提供的用户名和密码，然后单击"下一步"按钮。

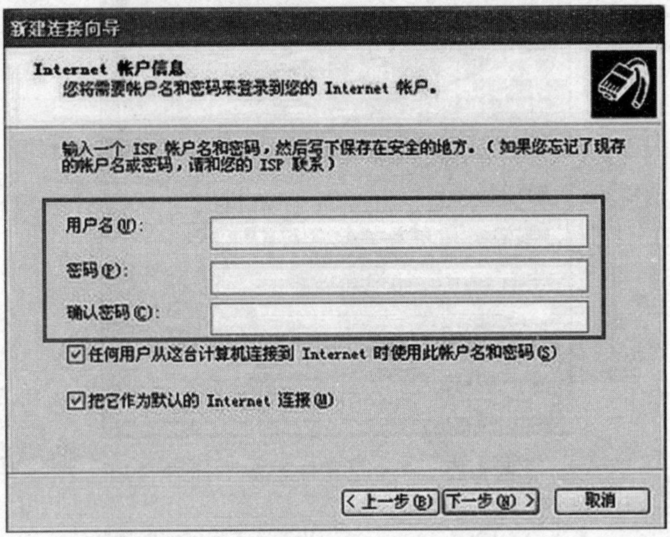

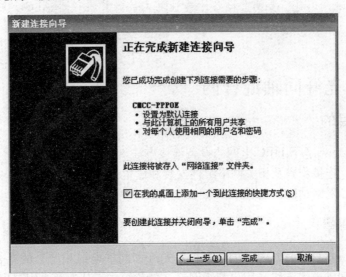

图 4-10　在文本框中输入 ISP 提供的用户名和密码

（9）如图 4-11 所示，为了方便，选中"在我的桌面上添加一个到此连接的快捷方式"复选框，单击"完成"按钮，完成 ADSL 上网设置。

图 4-11　选中"在我的桌面上添加一个到此连接的快捷方式"复选框

（10）当需要上网时，在桌面上双击创建的"宽带连接"快捷方式，则会弹出如图 4-12 所示的对话框，输入用户名和密码，单击"连接"按钮即可连接入网。

4.1.6　实验报告要求

1. ADSL 工作原理。
2. ADSL 上网组件的设置方法，以及连接 Internet 网的方法。

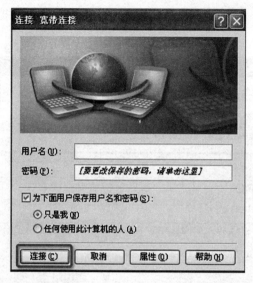

图 4-12　"连接 宽带连接"对话框

1. ADSL Modem 上各指示灯的含义是什么？

2. 如果是局域网，还需要哪些设备才能让网内的计算机通过 ADSL 访问因特网？试画出连接结构图。

4.2　HFC 光纤同轴混合网

4.2.1　实验目的

1. 掌握 Windows 7 下 HFC 上网的设备连接方法。
2. 了解 HFC 连接步骤及相关网络组件安装和设置方法。
3. 掌握 HFC 网络结构特点。

4.2.2　实验背景

HFC 即 Hybrid Fiber-Coaxial 的缩写，是光纤和同轴电缆相结合的混合网络。HFC 通常由光纤干线、同轴电缆支线和用户配线网络 3 部分组成，从有线电视台出来的节目信号先变成光信号在干线上传输，到用户区域后把光信号转换成电信号，经分配器分配后通过同轴电缆送到用户端。它与早期 CATV 同轴电缆网络的不同之处是在干线上用光纤传输光信号，在前端需完成电-光转换，进入用户区后要完成光-电转换。

4.2.3　实验内容

1. 完成 HFC 各个设备之间的连接。
2. 完成 HFC 上网组件的设置，接入因特网。

4.2.4　实验环境

　　线缆调制解调器 1 个，分配器 1 台，电源线 1 条，网卡接口为 RJ45 的计算机 1 台，数字 CATV 机顶盒 1 台，双绞线若干米。HFC 网络连接如图 4-13 所示。

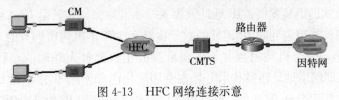

图 4-13　HFC 网络连接示意

4.2.5　实验步骤

1. 硬件连接

　　（1）在原有线电视业务基础上进行双向 HFC 改造，数字机顶盒是一种集计算机、电视和电信技术为一体的高科技产品，保留原有 CATV 有线电视业务，使用电缆调制解调器实现 Cable Modem 全业务通信，连接如图 4-14 所示。

　　（2）将有线电视同轴电缆的入户线接入分配器的输入端（IN），再将电视机和 Cable Modem 分别接入分配器的两个输出端（OUT）。

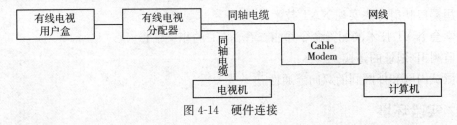

图 4-14　硬件连接

2. 软件设置

Windows XP 下网络连接的设置方法详见本章 4.1 节的实验步骤。

4.2.6　实验报告要求

　　1. HFC 工作原理。
　　2. HFC 上网组件的设置方法，以及连接因特网的方法。

▶ 思考题

　　1. 说明 Cable Modem 上各指示灯的含义。
　　2. HFC 光纤同轴混合网由几部分组成？

4.3　网络地址转换技术实验

4.3.1　实验目的

　　1. 了解网络地址转换（NAT）技术的原理。

2. 掌握全球 IP 地址和专用 IP 地址的区别。

3. 了解 NAT 技术中的几种方法，并熟练掌握其中端口映射的具体方法和配置命令。

4.3.2　实验背景知识

随着互联网技术的迅猛发展，IP 地址资源变得非常紧张，尤其是 IPv4 地址已经处于基本耗尽状态。一个机构能申请到的 IP 地址的数量往往远少于本机构所拥有的主机数，同时考虑到互联网并不安全，一个机构内也并不需要所有的主机都接入外部的互联网，由此诞生了 NAT 技术。NAT 即网络地址转换技术，是在专用网络内部使用专用 IP 地址，而仅在连接到互联网的路由器上使用全球 IP 地址，这样既大大节约了宝贵的 IP 地址资源，同时又能隔离内外网络，加强机构内部的网络安全管理手段，是目前常用的内网接入互联网的方式。采用 NAT 技术基本无须额外投资，单纯利用现有网络设备，就可以达到安全配置网络的目的。

NAT 技术是把内部网络的主机发送到 NAT 路由器上的数据包里面的源 IP 地址（专用 IP）按照相关算法换成外部合法的全球 IP 的过程，只有源 IP、目的 IP 地址都是全球 IP 地址时才可能在互连网络的路由器上进行存储转发。具体的地址转换方式有静态地址转换、动态地址转换和端口映射等多种不同策略。

4.3.3　实验内容

1. 用端口映射方法实现 NAT 技术。
2. 学会 NAT 技术的配置命令并能查看 NAT 的相关信息。
3. 监测 IP 地址的转换。
4. 测试内网和外网间的双向连通性。

4.3.4　实验环境

用端口映射方式实现 NAT 技术是目前比较常用也是最节省全球 IP 地址资源的手段之一。实验用网络拓扑如图 4-15 所示。

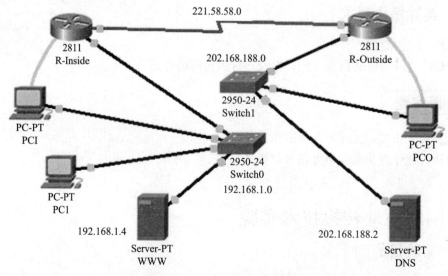

图 4-15　NAT 实验连网拓扑图

本次实验需要准备的设备：

1. PC 3 台，服务器 2 台，交换机 2 台。

2. 路由器 2 台，并给路由器增加串口 WIC-1T 模块 2 个。

3. 1 条 DTE 电缆和 1 条 DCE 电缆互连成串行电缆。

4. Console 电缆 2 条。PC 通过 COM 端口使用 Console 电缆连接到路由器的 Console 端口做控制台配置路由器。PCI 和 PCO 在本次实验中既是控制台又是网络里的主机。

4.3.5 实验步骤

1. 配置主机和服务器的网络参数

各 PC 和服务器配置的网络参数如表 4-1 所示，也可以按照规则自行设计。

表 4-1 NAT 技术实验所用主机网络参数配置

路由器接口	网络号	主机名	IP 地址	子网掩码	默认网关
		PCI	192.168.1.2	255.255.255.0	192.168.1.1
R-Inside 的 Fa0/0	192.168.1.0	PC1	192.168.1.3	255.255.255.0	192.168.1.1
		WWW 服务器	192.168.1.4	255.255.255.0	192.168.1.1
R-Outside 的 Fa0/0	202.168.188.0	PCO	202.168.188.1	255.255.255.0	202.168.188.254
		DNS 服务器	202.168.188.2	255.255.255.0	202.168.188.254

2. 配置路由器接口

（1）配置 NAT 路由器 R-Inside（内网）相关接口参数：

Router（config）# interface fastEthernet0/0

Router（config-if）# ip address 192.168.1.1 255.255.255.0

Router（config-if）# ip nat inside　　//指定连接内部网络的路由器 R-Inside 端口

Router（config-if）# no shutdown

Router（config-if）# exit

Router（config）# interface serial0/3/0

Router（config-if）# ip address 211.58.58.2 255.255.255.0

Router（config-if）# clock rate 64000 //串行接口连线的 DCE 端，协调两点间时钟匹配

Router（config-if）# ip nat outside　　//指定连接外部网络的路由器 R-Inside 端口

Router（config-if）# no shutdown

Router（config-if）# exit

Router（config）# router eigrp 100

Router（config-route）# network 221.58.58.0

Router（config-route）# auto-summary

Router（config-if）# exit

Router（config）# access-list 1 permit 192.168.1.0　0.0.0.255

Router（config）# ip nat inside source list 1 interface serial0/3/0 overload

Router（config）# ip nat inside source static tcp 192.168.1.4 80 221.58.58.2 80

Router（config）# ip classless

Router（config）# ip route 0.0.0.0 0.0.0.0 221.58.58.1

Router（config）# ^Z

以上命令执行后，路由器 R-Inside 的端口配置参数如图 4-16 所示。

```
Port                Link    VLAN    IP Address          MAC Address
FastEthernet0/0     Up      --      192.168.1.1/24      0000.0CDB.6C01
FastEthernet0/1     Down    --      <not set>           0000.0CDB.6C02
Serial0/3/0         Up      --      221.58.58.2/24      <not set>
Vlan1               Down    1       <not set>           0001.96DE.5AB8
Hostname: Router
```

图 4-16　R-Inside 端口配置参数

（2）配置路由器 R-Outside（外网）的相关接口参数：

Router（config）# interface fastEthernet0/0

Router（config-if）# ip address 202.168.188.254 255.255.255.0

Router（config-if）# no shutdown

Router（config-if）# exit

Router（config）# interface serial0/3//0

Router（config-if）# ip address 221.58.58.1 255.255.255.0

Router（config-if）# no shutdown

Router（config）# ^Z

以上命令执行后，路由器 R-Outside 的端口配置参数如图 4-17 所示。

```
Port                Link    VLAN    IP Address          MAC Address
FastEthernet0/0     Up      --      202.168.188.254/24  00D0.D329.1101
FastEthernet0/1     Down    --      <not set>           00D0.D329.1102
Serial0/3/0         Up      --      221.58.58.1/24      <not set>
Vlan1               Down    1       <not set>           000A.F3A8.64D3
Hostname: Router
```

图 4-17　R-Outside 端口配置参数

3. 验证 NAT 技术

（1）主机 PCI 访问互联网的 DNS 服务器就相当于由内部网络的主机发起和互联网上主机的通信。在 PCI 浏览器的地址栏中输入"http：//202.168.188.2"发起通信。验证成功后的窗口如图 4-18 所示。

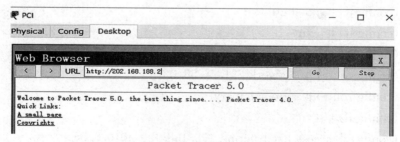

图 4-18　PCI 与互联网的 DNS 服务器通信

PCI 访问内网的 WWW 服务器，结果如图 4-19 所示。

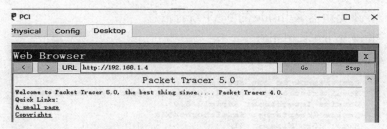

图 4-19　PCI 与内网的 WWW 服务器通信

而 PCO 访问内网的 WWW 服务器结果如图 4-20 所示。从图中看出由外网（互联网）主动向内网发起的通信是失败的。从而验证了 NAT 技术的理论是正确的。

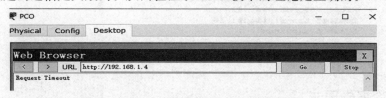

图 4-20　PCO 与内网的 WWW 服务器通信

（2）也可以用 ping 命令来测试验证 NAT 技术是否成功。主机 PCI 执行以下命令：

PC> ping　202.168.188.2

测试结果如图 4-21 所示。

```
PC>ping 202.168.188.2

Pinging 202.168.188.2 with 32 bytes of data:

Reply from 202.168.188.2: bytes=32 time=28ms TTL=126
Reply from 202.168.188.2: bytes=32 time=27ms TTL=126
Reply from 202.168.188.2: bytes=32 time=33ms TTL=126
Reply from 202.168.188.2: bytes=32 time=32ms TTL=126

Ping statistics for 202.168.188.2:
    Packets: Sent = 4, Received = 4, Lost = 0 (0% loss),
Approximate round trip times in milli-seconds:
    Minimum = 27ms, Maximum = 33ms, Average = 30ms
```

图 4-21　测试 PCI 与外网的 WWW 服务器的连通性

4. 查看 NAT 信息

（1）查看 NAT 路由器 R-Inside 的 NAT 转换表：

Router# show ip nat translation

命令执行结果如图 4-22 所示。

```
Router#show ip nat translation
Pro  Inside global      Inside local       Outside local      Outside global
tcp 221.58.58.2:1025    192.168.1.2:1025   202.168.188.2:80   202.168.188.2:80
tcp 221.58.58.2:1026    192.168.1.2:1026   202.168.188.1:80   202.168.188.1:80
tcp 221.58.58.2:1027    192.168.1.2:1027   202.168.188.2:80   202.168.188.2:80
tcp 221.58.58.2:1028    192.168.1.2:1028   202.168.188.2:80   202.168.188.2:80
tcp 221.58.58.2:1033    192.168.1.2:1033   202.118.168.2:80   202.118.168.2:80
tcp 221.58.58.2:1034    192.168.1.2:1034   202.118.168.2:80   202.118.168.2:80
tcp 221.58.58.2:1035    192.168.1.2:1035   202.118.168.2:80   202.118.168.2:80
tcp 221.58.58.1:80      192.168.1.4:80     ---                ---
```

图 4-22　路由器 R-Inside 的 NAT 转换表记录

（2）查看 NAT 路由器 R-Inside 的 NAT 统计信息：

Router＃ show ip nat statistics

命令执行结果如图 4-23 所示。

```
Router#show ip nat statistics
Total translations: 8 (2 static, 6 dynamic, 8 extended)
Outside Interfaces: Serial0/3/0
Inside Interfaces: FastEthernet0/0
Hits: 259  Misses: 31
Expired translations: 16
Dynamic mappings:
Router#show ip nat statistics
Total translations: 8 (2 static, 6 dynamic, 8 extended)
Outside Interfaces: Serial0/3/0
Inside Interfaces: FastEthernet0/0
Hits: 259  Misses: 31
Expired translations: 16
Dynamic mappings:
```

图 4-23　路由器 R-Inside 的 NAT 统计信息

4.3.6　实验报告要求

1. 实验报告中必须用专用 IP 地址和全球 IP 地址来区分内部网络与外部网络。
2. 实验用拓扑图应该标明关键的网络参数，如网段号等。
3. 要特别说明哪个路由器进行了 NAT 配置。

思考题

1. IPv4 中有哪些专用 IP 地址？
2. NAT 路由器和其他路由器的区别有哪些？NAT 技术只能由内部网络首先发起通信吗？
3. 如果进行了 NAT 配置，还需要配置其他的路由协议吗？

4.4　DHCP 服务配置

4.4.1　实验目的

1. 了解 DHCP 网络服务的原理和作用。
2. 掌握 DHCP 服务器及 DHCP 中继代理服务器的配置。

4.4.2　实验背景知识

DHCP（动态主机配置协议）通常被应用在大型的局域网络环境中，主要作用是集中管理分配 IP 地址等网络参数，使网络中的主机能动态地获取 IP 地址、子网掩码、默认网关地址，以及 DNS 服务器地址等信息，既方便、快捷，还能更充分地使用有限的 IP 地址资源。

DHCP 采用客户/服务器交互模式。需要配置网络参数的主机会主动向 DHCP 服务器发出申请，收到来自网络主机申请信息的 DHCP 服务器会向网络主机发送以 IP 地址为主的一组网络参数，从而实现主机网络参数的动态配置，即协议软件参数化。DHCP 具有以下功能：①保证任一个 IP 地址在同一时刻只能由一台 DHCP 客户机所使用；②允许

DHCP 给用户分配永久固定的 IP 地址；③DHCP 客户可以与用其他方法获得 IP 地址的主机共存（如手工配置 IP 地址的主机）；④DHCP 服务器应当向现有的 BOOTP 客户端提供服务。

DHCP 有 3 种机制分配 IP 地址：

（1）自动分配方式。DHCP 服务器为主机指定一个永久性的 IP 地址，一旦 DHCP 客户端第一次成功从 DHCP 服务器端租用到 IP 地址后，就可以永久性地使用该地址。

（2）动态分配方式。DHCP 服务器给主机指定一个具有时间限制的 IP 地址，时间到期或主机明确表示放弃该地址时，该地址可以被 DHCP 服务器收回再分配给其他主机使用。

（3）手工分配方式。客户端的 IP 地址是由网络管理员指定的，DHCP 服务器只是将指定的 IP 地址告诉客户端主机。

在上述 3 种地址分配方式中，只有动态分配可以重复使用客户端不再需要的地址。DHCP 消息的格式是基于 BOOTP 消息格式的，这就要求设备具有 BOOTP 中继代理的功能，并能够与 BOOTP 客户端和 DHCP 服务器实现交互。BOOTP 具有中继代理功能，因此没有必要在每个物理网络都部署一个 DHCP 服务器。所谓 DHCP 中继代理，就是跨网段为主机分配 IP 地址等网络配置参数，DHCP 服务器与 DHCP 客户端处于不同的网段，这时就需要 DHCP 中继代理。

4.4.3　实验内容

1. 安装、设置两个 DHCP 服务器，并分别配置地址池地址范围：192.168.3.0/24：192.168.1.2 和 192.168.4.0/24：192.168.1.4。

2. 配置一个 IP 地址为 192.168.1.3 的 DNS 服务器，用来辅助 DHCP 工作。

3. 网络中的主机必须是自动配置 IP 地址等参数才能验证 DHCP 服务是否成功。

4.4.4　实验环境

1. 准备 PC 4 台，服务器 3 台，交换机 3 台。

2. 路由器 2 台，并增加路由器串口 WIC-1T 模块 2 个。

3. DTE-DCE 串行电缆 1 条，连接 2 个路由器。

4. Console 电缆 2 条，用来连接 PC 做配置路由器的控制台（超级终端）。

本次实验的拓扑结构如图 4-24 所示。

4.4.5　实验步骤

1. 配置 DHCP-Server1 服务器的参数

DHCP-Server1 服务器自己的 IP 地址、子网掩码和默认网关分别是 192.168.1.2、255.255.255.0 和 192.168.1.1。

DHCP-Server1 服务器设置的 IP 地址池范围是 192.168.3.2～192.168.3.11，共 10 个（图 4-25）。

2. 配置 DHCP-Server2 服务器的参数

DHCP-Server2 服务器自己的 IP 地址、子网掩码和默认网关分别是 192.168.1.4、

255.255.255.0 和 192.168.1.1。

　　DHCP-Server2 服务器设置的 IP 地址池范围是 192.168.4.2～192.168.4.11，共 10 个（图 4-26）。

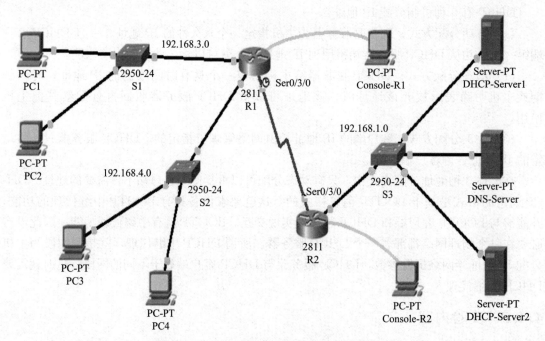

图 4-24　DHCP 中继代理服务配置实验拓扑图

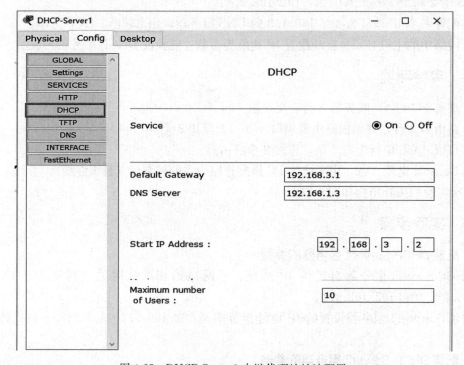

图 4-25　DHCP-Server1 中继代理地址池配置

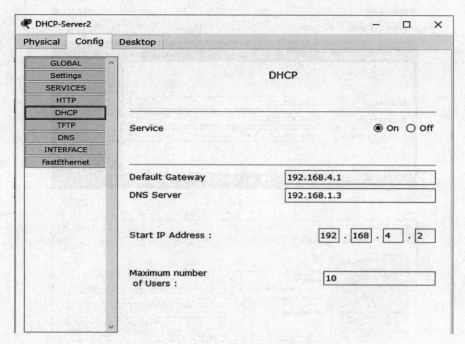

图 4-26　DHCP-Server2 中继代理地址池配置

3. 配置 DNS Server 服务器的参数

DNS-Server 服务器的 IP 地址、子网掩码和默认网关分别是 192.168.1.3、255.255.255.0、192.168.1.1 和 www.neau.com（图 4-27）。

4. 路由器配置

（1）R2 路由器配置：

Router（config）# interface FastEthernet0/0

Router（config-if）# ip address 192.168.1.1 255.255.255.0

Router（config-if）# no shutdown

Router（config-if）# exit

Router（config）# interface Serial0/3/0

Router（config-if）# ip address 192.168.2.1 255.255.255.0

Router（config-if）# clock rate 64000

Router（config-if）# no shutdown

Router（config-if）# exit

Router（config）# router eigrp 10　//执行 Cisco 专用 EIGRP 路由协议，类似 RIP

Router（config-route）# network 192.168.1.0

Router（config-route）# network 192.168.2.0

Router（config-route）# auto-summary

Router（config-route）# ip classless

Router（config-route）#^Z

以上命令执行后，路由器 R2 的端口配置参数如图 4-28 所示。

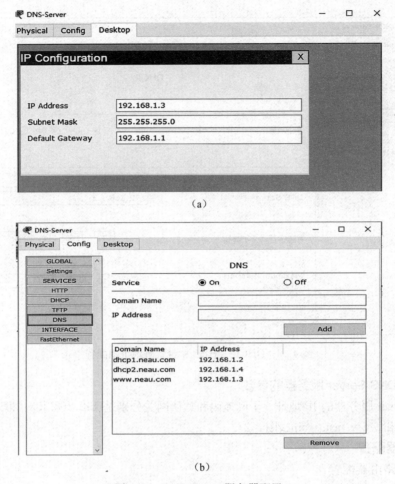

（a）

（b）

图 4-27　DNS-Server 服务器配置

```
Port              Link    VLAN    IP Address        MAC Address
FastEthernet0/0   Up      --      192.168.1.1/24    0007.EC94.3601
FastEthernet0/1   Down    --      <not set>         0007.EC94.3602
Serial0/3/0       Up      --      192.168.2.1/24    <not set>
Vlan1             Down    1       <not set>         0010.11A5.A716
Hostname: Router
```

图 4-28　R2 端口配置参数

（2）R1 路由器配置：

Router（config）# interface FastEthernet0/0

Router（config-if）# ip address 192.168.3.1 255.255.255.0

Router（config-if）# ip helper-address 192.168.1.2　//配置 DHCP-Server1 服务器地址

Router（config-if）# no shutdown

Router（config-if）# exit

Router（config）# interface FastEthernet0/1

Router（config-if）# ip address 192.168.4.1 255.255.255.0

Router（config-if）# ip helper-address 192.168.1.4　//配置 DHCP-Server2 服务器地址

Router（config-if）# no shutdown

Router（config-if）# exit

Router（config）# interface Serial0/3/0

Router（config-if）# ip address 192.168.2.2 255.255.255.0

Router（config-if）# clock rate 64000

Router（config-if）# no shutdown

Router（config）# router eigrp 10　　　　//执行 Cisco 专用 EIGRP 路由协议

Router（config-route）# network 192.168.3.0

Router（config-route）# network 192.168.2.0

Router（config-route）# network 192.168.4.0

Router（config-route）# auto-summary

Router（config-route）# ip classless

Router（config-route）#˜Z

以上命令执行后，路由器 R1 的端口配置参数如图 4-29 所示。

```
Port            Link   VLAN   IP Address        MAC Address
FastEthernet0/0 Up     --     192.168.3.1/24    0030.A323.A301
FastEthernet0/1 Up     --     192.168.4.1/24    0030.A323.A302
Serial0/3/0     Up     --     192.168.2.2/24    <not set>
Vlan1           Down   1      <not set>         0002.1690.6E00
Hostname: Router
```

图 4-29　R1 端口配置参数

5. DHCP Client（客户端）自动搜索配置网络参数

以主机 PC4 为例测试其自动搜索配置网络参数的过程。

（1）PC4 刚刚启动还未申请到网络参数的状态如图 4-30 所示。从图中看到 PC4 目前除了自己的 MAC 地址外，还没有获取到任何其他的网络参数，即不具备上网条件。

```
Link   IP Address      IPv6 Address                              MAC Address
Up     <not set>       <not set>                                 0000.0CDD.75A9

Gateway: <not set>
DNS Server: <not set>
Physical Location: Intercity, Home City, Corporate Office, Main Wiring Closet
```

图 4-30　PC4 初始配置为空

（2）PC4 申请到网络参数的状态如图 4-31 所示。说明每个客户端主机执行 DHCP 协议获取一组网络参数的过程是要花费时间的。

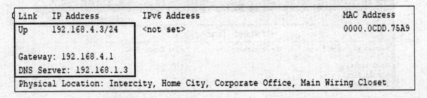

图 4-31　PC4 自动申请到的网络参数

通过 PC4 配置界面查看更完整的网络参数配置信息，结果如图 4-32 所示。

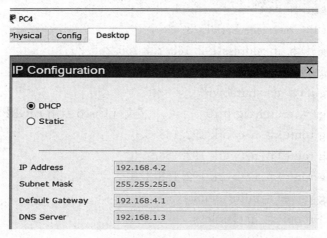

图 4-32　浏览 PC4 完整的网络参数

PC4 的测试过程验证了理论的正确性。PC1～PC3 执行 DHCP 协议自动获取网络参数的过程略。总之，任一台计算机如果没有配置正确的网络参数是不能进行网络通信的。

6. 测试网络连通性

通过主机 PC1 的浏览器登录 DNS 服务器测试网络通信的结果如图 4-33 和图 4-34 所示。实验证明 DHCP 协议可以非常便捷地使每一个 DHCP 客户主机自动获取一组网络参数，并拥有上网通信的基础。

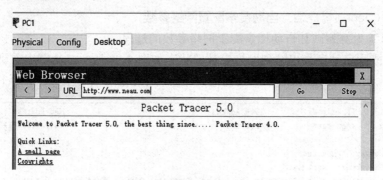

图 4-33　主机 PC1 通过域名登录 DNS 服务器

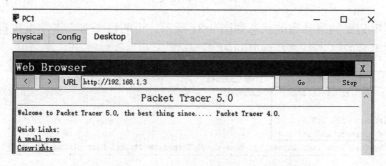

图 4-34　主机 PC1 通过 IP 地址登录 DNS 服务器

4.4.6 实验报告要求

1. 描述 DHCP 服务器配置过程。
2. 记录每个主机动态获得的 IP 地址信息。

思考题

1. 能不能通过 DHCP 协议实现主机 MAC 地址和 IP 地址的绑定?
2. DHCP 服务器配置中地址租用期有何用途?
3. 一个网络中如果有 2 台以上的 DHCP 服务器，DHCP 客户主机如何选择服务器?

第5章 网络安全与故障排除

网络安全性问题关系到未来网络应用的深入发展，它涉及安全策略、移动代码、指令保护、密码学、操作系统、软件工程和网络安全管理等内容。本章通过端口扫描、数字签名、数据加密技术、注册表配置、物理层及以太网故障排除和数据链路层故障排除等实验介绍网络安全基础知识及故障消除方法。

5.1 端口扫描

5.1.1 实验目的

了解目标主机开放的端口和服务程序，从而获得系统的有用信息，发现网络系统的安全漏洞。

5.1.2 实验背景知识

由于网络端口是计算机和外界相连的通道，因此疏于管理可能留下严重的安全隐患。端口扫描是利用网络协议的安全漏洞，通过非常规的方法来确定连接在网络上目标主机的哪些端口是开放的一种技术。常见的免费扫描工具有 X-Scan、Nmap、Super-scan、Nessus、流光、Microsoft 的系统漏洞检测工具 MBSA 等，商业安全扫描产品有 Symantec 的 NetRecon、NAI 的 CyberCops Scanner、Cisco 的 Secure Scanner、ISS 的系列扫描产品等。

5.1.3 实验内容

通过在 Windows 操作系统下使用端口扫描工具 X-Scan 进行网络端口综合扫描实验。

5.1.4 实验环境

Windows 实验台。

5.1.5 实验步骤

X-Scan v3.3 采用多线程方式对指定 IP 地址段进行扫描，扫描内容包括 SNMP 信息、CGI 漏洞、IIS 漏洞、RPC 漏洞、SSL 漏洞，以及 SQL-Server、SMTP-Server、弱口令用户等。扫描结果保存在/log/目录中。其主界面如图 5-1 所示。

（1）配置扫描参数。先单击"检测范围"选项，在"指定 IP 范围"文本框中输入要扫描主机的 IP 地址（或一个范围），本实验中我们设置为靶机服务器的 IP 地址即 127.0.0.1，如图 5-2 所示。

"其他设置"选项设置如图 5-3 所示。

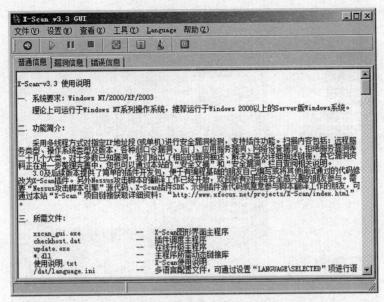

图 5-1 X-Scan v3.3 主界面

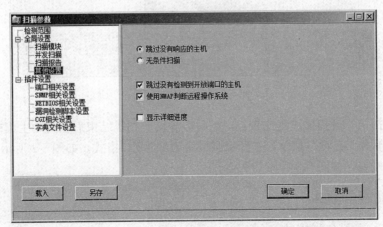

图 5-2 指定 IP 范围

图 5-3 跳过没有响应的主机

"开发扫描"选项设置如图 5-4 所示。

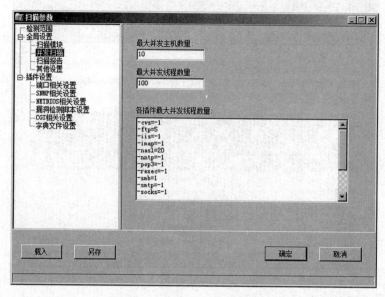

图 5-4　"开发扫描"选项设置

（2）选择需要扫描的项目，单击"扫描模块"选项选择扫描的项目（图 5－5）。

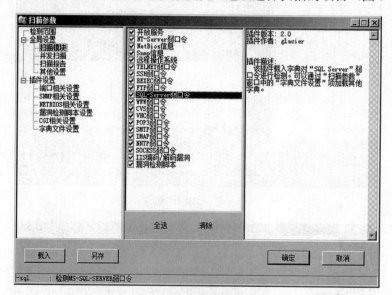

图 5-5　选择扫描项目

（3）开始扫描，该扫描过程比较长，需耐心等待。扫描结束后会自动生成检测报告，如图 5-6 所示。单击"查看"菜单，选择检测报表为 HTML 格式，如图 5-7 所示。

（4）生成报表，如图 5-8 和图 5-9 所示。

5.1.6　实验报告要求

描述 X-Scan 的端口扫描过程。

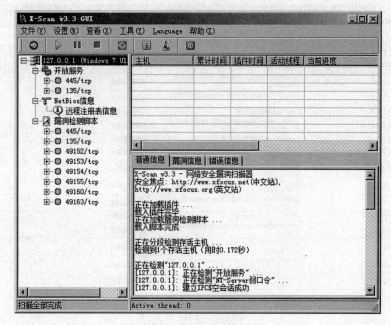

图 5-6　生成扫描报告

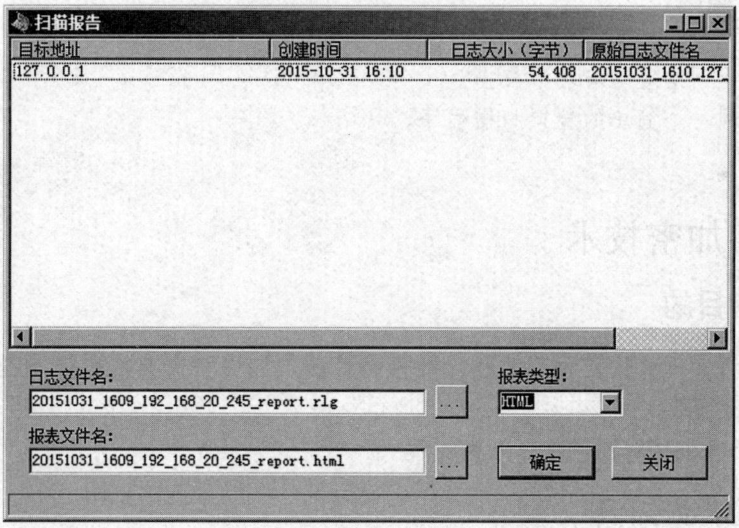

图 5-7　保存扫描报告

	检测结果
存活主机	1
漏洞数量	0
警告数量	1
提示数量	72

	主机列表
主机	检测结果
127.0.0.1	发现安全警告
主机摘要 - OS: Windows 7 Ultimate; PORT/TCP: 135, 445	

图 5-8　生成扫描报表

主机地址	端口/服务	主机分析: 127.0.0.1 服务漏洞
127.0.0.1	microsoft-ds (445/tcp)	发现安全提示
127.0.0.1	epmap (135/tcp)	发现安全提示
127.0.0.1	netbios-ssn (139/tcp)	发现安全警告
127.0.0.1	DCE/d95afe70-a6d5-4259-822e-2c84da1ddb0d (49152/tcp)	发现安全提示
127.0.0.1	DCE/f6beaff7-1e19-4fbb-9f8f-b89e2018337c (49153/tcp)	发现安全提示
127.0.0.1	DCE/12345778-1234-abcd-ef00-0123456789ac (49154/tcp)	发现安全提示
127.0.0.1	unknown (49155/tcp)	发现安全提示
127.0.0.1	DCE/367abb81-9844-35f1-ad32-98f038001003 (49160/tcp)	发现安全提示
127.0.0.1	unknown (49163/tcp)	发现安全提示
127.0.0.1	DCE/3c4728c5-f0ab-448b-bda1-6ce01eb0a6d6 (49153/tcp)	发现安全提示
127.0.0.1	DCE/3c4728c5-f0ab-448b-bda1-6ce01eb0a6d5 (49153/tcp)	发现安全提示
127.0.0.1	DCE/06bba54a-be05-49f9-b0a0-30f790261023 (49153/tcp)	发现安全提示
127.0.0.1	DCE/30adc50c-5cbc-46ce-9a0e-91914789e23c (49153/tcp)	发现安全提示
127.0.0.1	unknown (49153/tcp)	发现安全提示
127.0.0.1	DCE/86d35949-83c9-4044-b424-db363231fd0c (49155/tcp)	发现安全提示
127.0.0.1	DCE/a398e520-d59a-4bdd-aa7a-3c1e0303a511 (49155/tcp)	发现安全提示
127.0.0.1	DCE/552d076a-cb29-4e44-8b6a-d15e59e2c0af (49155/tcp)	发现安全提示
127.0.0.1	DCE/98716d03-89ac-44c7-bb8c-285824e51c4a (49155/tcp)	发现安全提示
127.0.0.1	DCE/6b5bdd1e-528c-422c-af8c-a4079be4fe48 (49163/tcp)	发现安全提示

图 5-9　扫描报表

思考题

1. 怎样防止网络监听与端口扫描？
2. 编程实现一个简单的端口扫描程序。

5.2　数字加密技术

5.2.1　实验目的

1. 通过编程实现替代密码算法和置换密码算法，加深对古典密码体制的了解，为深入学习密码学奠定基础。

2. 掌握 RSA 加密算法的加、解密过程。

5.2.2　实验背景知识

所谓数据加密（Data Encryption）技术，是指将一个信息（或称明文，Plain Text）经过加密钥匙（Encryption Key）及加密函数转换，变成无意义的密文（Cipher Text），而接收方则将此密文经过解密函数、解密钥匙（Decryption Key）将其还原成明文。

1. 传统密码算法

古典密码算法历史上曾被广泛应用，大都比较简单，使用手工和机械操作来实现加密和解密。它的主要应用对象是文字信息，利用密码算法实现文字信息的加密和解密。两种常见的具有代表性的古典密码算法为替代密码和置换密码。

2. RSA 加解密算法

RSA 是 1977 年由罗纳德·李维斯特（Ron Rivest）、阿迪·萨莫尔（Adi Shamir）和伦

纳德·阿德曼（Leonard Adleman）一起提出的，RSA 就是他们三人的姓氏首字母拼在一起组成的。在公钥加密标准和电子商业中 RSA 被广泛使用。

　　RSA 算法是一种非对称密码算法。所谓非对称，就是指该算法需要一对密钥，使用其中一个加密，则需要用另一个才能解密。

　　RSA 的算法涉及三个参数：n、e1、e2。其中，n 是两个大质数 p、q 的积，n 用二进制表示时所占用的位数就是所谓的密钥长度。e1 和 e2 是一对相关的值，e1 可以任意取，但要求 e1 与 (p−1)*(q−1) 互质；再选择 e2，要求 (e2 * e1) mod ((p−1)*(q−1))=1。(n，e1) 和 (n，e2) 就是密钥对，其中 (n，e1) 为公钥，(n，e2) 为私钥。RSA 加、解密的算法完全相同，设 A 为明文，B 为密文，则 B=A˜e1 mod n；A=B˜e2 mod n。

5.2.3　实验内容

　　1. 传统密码算法实验。

　　2. RSA 加密算法实验。

5.2.4　实验环境

　　主机操作系统为 Windows XP 或 Windows 7，具有 VC 或 TC 编程环境。

5.2.5　实验步骤

1. 传统密码算法实验步骤

　　（1）根据替代密码算法，自己创建明文信息，并选择一个密钥，编写替代密码算法的实现程序，实现加密和解密操作。

　　（2）根据置换密码算法，自己创建明文信息，并选择一个密钥，编写置换密码算法的实现程序，实现加密和解密操作。

2. RSA 加解密算法实验步骤

　　根据 RSA 算法原理，编写 RSA 算法的实现程序，实现加密和解密操作。

5.2.6　实验报告要求

　　1. 描述传统密码算法实验过程。

　　2. 描述 RSA 密码算法实验过程。

思考题

　　1. 非对称 RSA 算法与对称 DES 算法怎样结合建立安全通信信道？

　　2. 非对称算法与对称算法加密比较，非对称算法有哪些优劣？

5.3　数字签名

5.3.1　实验目的

　　1. 理解公开密钥体制和数字签名原理。

2. 熟悉 PGP 加密软件的基本操作。

5.3.2　实验背景知识

ISO 7498—2 标准对数字签名是这样定义的：附加在数据单元上的一些数据，或是对数据单元所做的密码变换。这种数据或变换允许数据单元的接收者用以确认数据单元的来源和数据单元的完整性，并保护数据，防止被人（如接收者）伪造。

数字签名是针对数字文档的一种签名确认方法，目的是对数字对象的合法性、真实性进行标记，并提供签名者的承诺。数字签名应具有与数字对象一一对应的关系，即签名的精确性；数字签名应基于签名者的唯一特征，从而确定签名的不可伪造性和不可否认性，即签名的唯一性；数字签名应具有时间特征，从而防止签名的重复使用，即签名的时效性。数字签名的执行方式分为直接方式和可仲裁方式。

PGP（Pretty Good Privacy）是一个基于 RSA 公钥加密体系的邮件加密软件。可以用它对邮件保密以防止非授权者阅读，它还能对邮件加上数字签名从而使收信人可以确认邮件的发送者，并能确定邮件没有被篡改。它可以提供一种安全的通信方式，而事先并不需要任何保密的渠道用来传递密匙。它采用了一种 RSA 和传统加密的杂合算法，用于数字签名的邮件文摘算法、加密前压缩等，还有一个良好的人机工程设计。它的功能强大，有很快的速度。它的源代码是免费的。

5.3.3　实验内容

1. 创建公钥与私钥对。
2. 对公钥进行验证并使之有效。
3. 对 E-mail 进行加密和数字签名，并对 E-mail 进行解密和验证。

5.3.4　实验环境

1. 主机操作系统为 Windows 7。
2. PGP 加密软件。

5.3.5　实验步骤

1. 安装 PGP 软件及软件注册

通过官网安装 PGP 软件，并完成注册。

2. 公钥与私钥对生成与管理

进入 PGPKeys，可以看到注册的邮箱对应已有密钥管理内容，如图 5-10 所示。导出公钥，生成 .asc 类型文件。方法：右击"邮箱"，选择"导出"命令，输入文件名即可，如图 5-11 所示。此文件可进行交流、发布等。

导出后的文件如图 5-12 所示。

3. 加密信息

选中需要加密的文件，然后右键单击，在弹出的菜单中选择 PGP→Encrypt（加密）命令，会弹出一个对话框，选择需要使用的密钥，双击使它加到下面的 Recipients 框中即可。文件加密配置过程如图 5-13 和图 5-14 所示。

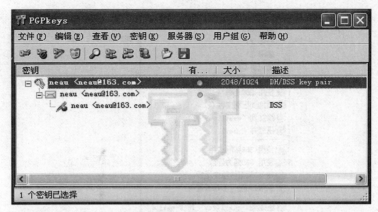

图 5-10 密钥管理内容

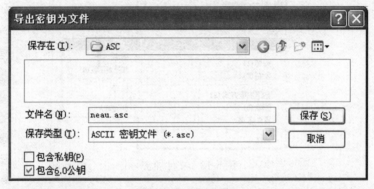

图 5-11 导出公钥

图 5-12 公钥内容

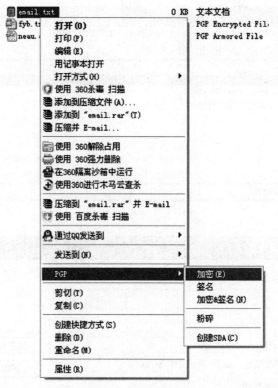

图 5-13　文件加密

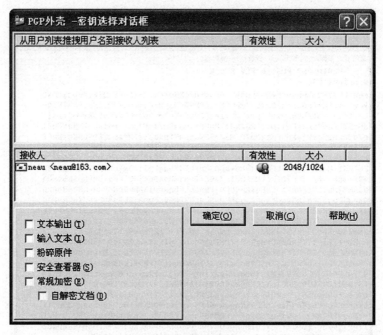

图 5-14　添加密钥

4. 解密信息

双击扩展名为 .pgp 的文件，或右键单击，在弹出的菜单中选择 PGP→Decrypt（解密）

命令，从打开的对话框中输入密码即可。文件解密配置过程如图 5-15 所示。

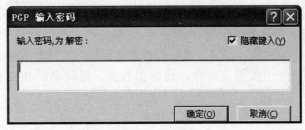

图 5-15　文件解密

5. 在 Outlook Express 或 Outlook 中直接对邮件进行加密

可在写新邮件时单击工具栏中的图标 PGP Encrypt（加密），当邮件写完发送时，PGP 会弹出对话框让用户选择密钥，同上操作即可。完成后，发送的邮件已进行加密，收件人需有公钥才能解密。

5.3.6　实验报告要求

描述采用 PGP 软件进行数字签名及验证的过程。

1. 数字签名的基本原理是什么？
2. 什么是公开密钥密码体制？

5.4　注册表配置

5.4.1　实验目的

1. 熟悉 Windows 7 注册表的基本概念。
2. 掌握注册表的基本设置方法。

5.4.2　实验背景知识

注册表是一个树状分层的数据库，包含计算机中每个用户的配置文件、有关系统硬件的信息、安装的程序及属性设置等各种计算机软、硬件配置数据。注册表中存放着各种参数，直接控制着 Windows 的启动、硬件驱动程序的装载以及一些 Windows 应用程序的运行，在整个 Windows 系统中起着核心作用。用户可以通过注册表调整软件的运行性能、检测和恢复系统错误、定制桌面等。

5.4.3　实验内容

完成注册表的基本设置。

5.4.4　实验环境

台式计算机，Windows 2000/2003/XP/Vista 及 Windows 7 操作系统。

5.4.5 实验步骤

1. 设置用户对注册表的访问权限

（1）打开"注册表编辑器"窗口，选定要设置访问权限的注册表项。

（2）选择"编辑"→"权限"命令，或单击右键，在弹出的快捷菜单中选择"权限"命令。

（3）打开的注册表项权限对话框如图 5-16 所示。

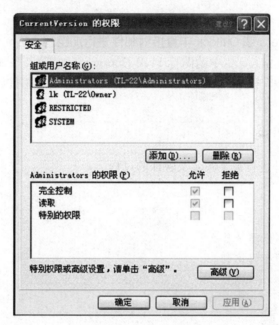

图 5-16　注册表项权限

（4）在该对话框中的"组或用户名称"列表框中选择要设置访问权限的组或用户的名称。若在该列表框中没有要设置访问权限的组或用户的名称，可单击"添加"按钮，打开"选择用户或组"对话框，将其添加到列表框中。

（5）在"组或用户权限"列表框中显示了该组或用户的访问权限。若要对该组或用户设置特别权限或进行高级设置，可单击"高级"选项卡，打开"组或用户的高级安全设置"对话框，选择"权限"选项卡。

（6）在该选项卡中的"权限项目"列表框中双击某个组或用户名称，或单击"编辑"按钮，打开"组或用户的权限项目"对话框。

（7）在该对话框中的"名称"框中显示了该组或用户的名称。在"权限"列表框中列出了该组或用户允许或拒绝访问的权限项目。用户可更改该组或用户的访问项目。

（8）设置完毕后，单击"确定"按钮即可在"组或用户的高级安全设置"对话框中的"权限项"列表框中看到用户所做的更改。

（9）若所做的是拒绝某组或用户对某权限项目的访问，则单击"应用"按钮，此时，将弹出"安全"对话框，提醒用户是否要设置该组或用户的拒绝权限。

（10）然后单击"是"按钮即可。

（11）重新启动计算机即可应用设置。

2. 通过修改注册表禁止运行某些程序

（1）打开"注册表编辑器"窗口。

（2）选择 HKEY ＿ CURRENT ＿ USER/Software/Microsoft/Windows/Current Version/Policies/Explorer 注册表项。

（3）单击右键，在弹出的快捷菜单中选择"新建"→"DWORD 值"命令，新建一个类型为 REG ＿ DWORD 的值项。

（4）将该值项命名为"DisallowRun"。

（5）双击该值项，在弹出的"编辑 DWORD 值"对话框中的"数值数据"文本框中修改数值为"1"，在"基数"选项组中选择"十六进制"选项。

（6）右击 Explorer 注册表项，在弹出的快捷菜单中选择"新建"→"项"命令，新建一个 Explorer 注册表项的子项。

（7）将该子项命名为"DisallowRun"。

（8）右击该子项，在弹出的快捷菜单中选择"新建"→"字串值"命令，新建一个类型为 REG ＿ SZ 的值项。

（9）将该值项命名为"1"，双击该值项，在弹出的"编辑字符串"对话框中的"数值数据"文本框中输入要禁止运行的程序名称。例如，要禁止运行记事本程序，可输入"Notepad. exe"。

（10）若要禁止多个程序，重复步骤（8）、（9）即可。

（11）设置完毕后，重新启动计算机即可。

禁止后的程序，若通过"开始"菜单或资源管理器运行，则会出现如图 5-17 所示的"限制"对话框。

图 5-17　"限制"对话框

注意：完成后，需恢复原状。

3. 通过修改注册表清除历史记录

使用了应用软件后，如使用 Windows Media Player（WMP）播放电影后，"文件"菜单中会留下曾经打开过的文件名，怎样才能清除这些历史记录？

单击"开始"→"运行"命令，输入"regedit"，打开注册表编辑器，展开左侧的 HKEY ＿ CURRENT ＿ USER \ Software \ Microsoft \ MediaPlayer \ Player \ RecentFileList 分支，在右边窗口中列出的就是最近一段时间的历史记录，将它们全部删除即可。

如果不想 WMP 每次都记录播放的历史记录，可以找到 HKEY ＿ CURRENT ＿ USER \ Software \ Microsoft \ MediaPlayer \ Preferences 分支，在它下面新建一个名为"AddM-RU"的二进制项目，然后将它的值修改为"0"，以后在 WMP 软件中就再也不会留下任何痕迹了。

4. 找回英文输入法

调试计算机时,忽然发现英文输入法不见了。在采取一系列的方法后,仍未能找回此输入法。请问,还有没有可能找回英文输入法呢?

首先,运行注册表编辑器,并展开到 HKEY_CURRENT_USER \ Keyboard Layout \ Preload 分支,这里面分别有输入法位置对应的 1、2、3 几个主键。在将 1、2、3 修改成 2、3、4 后,选中 Preload 分支并单击右键新建一个名为 1 的主键。稍后,再双击右边的默认项并将其值改为"00000409"。最后,重新启动系统并登录 Windows XP 后,就可以看到英文输入法已经找回来了。

5. 计算机启动后自动打开上次关闭前打开的文件夹

可以在资源管理器中分别选择"工具"→"文件夹选项",切换到"查看"分页,选中"记住每个文件夹的视图设置"复选框,打开"注册表编辑器"窗口,双击定位到 HKEY_CURRENT_USER \ SoftWare \ Microsoft \ Windows \ CurrentVersion \ Explorer \ Advanced 分支下,添加一个 DWORD 键值并将其值设置为"1"。这样每次重新启动都会自动打开关闭前打开的文件夹了。

6. 避免自己的计算机被局域网中的其他计算机监控

不妨将自己的计算机在网上邻居窗口中的图标"隐藏"起来。如此一来,别人就无法监控到自己的计算机了。要想隐藏工作站,可以按以下步骤进行操作:

依次单击"开始"→"运行"命令,输入命令"Regedit",在注册表编辑窗口中,展开子键 HKEY_LOCAL_MACHINE \ SYSTEM \ CurrentControlSet \ Services \ LanManServer \ Parameters。在右侧窗口中查看一下是否有名为"Hidden"的 DWORD 值,如果没有,可以右键单击空白区域,执行右键菜单中的"新建"命令,新建一个 DWORD 值,用于创建一个"Hidden"键值,并将该键值的数值设置为"1"。

7. 用注册表添加自启动程序

利用注册表实现软件自启动是一种传统且有效的方法,木马、病毒、流氓软件、间谍软件多是利用此方法实现自启动。不过由于这种方法已经是种公开的秘密,所以现在利用注册表实现自启动的软件越来越少。

现在来查看一下自己系统注册表中是否有"内鬼",按下 Windows+R 组合键打开"运行"对话框,输入"REGEDIT"打开注册表编辑器,依次展开 HKEY_CURRENT_USER \ Software \ Microsoft \ Windows \ CurrentVersion \ Run (或 RunOnce 和 RunOnceEx) 和 HKEY_LOCAL_MACHINE \ SOFTWARE \ Microsoft \ Windows \ CurrentVersion \ Run (或 RunOnce 和 RunOnceEx)。

解决方案:仔细查看图 5-18 所示的注册表编辑器右侧区域中是否有不认识的软件名称,想取消此软件的自启动只需右击其名称执行"删除"命令便可。

另外,注册表中以下键值也是自启动程序的可栖身之地,建议进行检查。

(1) Userinit 键位于 HKEY_LOCAL_MACHINE \ SOFTWARE \ Microsoft \ WindowsNT \ CurrentVersion \ Winlogon \ Userinit,此键允许执行以逗号分隔的多个自启动程序。

(2) Explorer \ Run 键位于 HKEY_CURRENT_USER \ Software \ Microsoft \ Win-

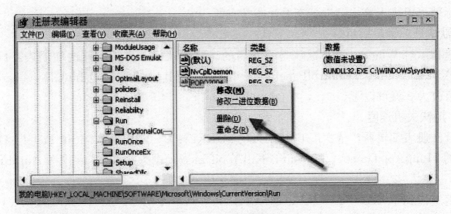

图 5-18　注册表编辑器

dows \ CurrentVersion \ Policies \ Explorer \ Run 和 HKEY _ LOCAL _ MACHINE \ SOFTWARE \ Microsoft \ Windows \ CurrentVersion \ Policies \ Explorer \ Run。

（3）RunServices 键和 RunServicesOnce 键。此键用来启动服务程序，在用户登录之前启动，具体位置：HKEY _ CURRENT _ USER \ Software \ Microsoft \ Windows \ CurrentVersion \ RunServices（或 RunServicesOnce）和 HKEY _ LOCAL _ MACHINE \ SOFTWARE \ Microsoft \ Windows \ CurrentVersion \ RunServices（或 RunServicesOnce）。

（4）Load 键。此键位于 HKEY _ CURRENT _ USER \ Software \ Microsoft \ WindowsNT \ CurrentVersion \ Windows \ Load。

（5）在本地计算机中打开注册表编辑器，找到下面的键值：HKEY _ CURRENT _ USER \ Software \ Microsoft \ Windows NT \ CurrentVersion \ Windows，然后在 Windows 键值下新建一个字符串键值，并更名为 Load，双击打开这个字符串键值，接着把弹出窗口的"数值数据"设置为要随系统自动运行的程序的路径即可。需要注意的是，输入的路径文件名是短文件名。

（6）找到键值：HKEY _ LOCAL _ MACHINE \ SOFTWARE \ Microsoft \ Command Processor，然后并双击"AutoRun"这项，最后将键值设置为需要启动的程序即可。

8. 在窗口界面中维护注册表

注册表是 Windows 系统的核心，每次维护注册表都要从"运行"对话框中输入"regedit"等命令进入，启动注册表编辑器后再对注册表进行维护，有些麻烦。如果安装一个 Registry 插件，就可以直接在桌面或资源管理器中轻松维护注册表了，非常方便。安装 Registry 时可以登录 http：// www. regxplor. com/regxplor. dll 网页下载一个 regxplor. dll 链接库文件。下载后将该文件复制到 C：\ Windows \ System32 文件夹中即可。第一次使用 regxplor. dll 链接库文件时要对它进行加载，首先在"运行"对话框中键入"Regsvr32 regxplor. dll"回车后弹出一个"regxplor. dll 中的 DllregisterServer 成功"对话框，随后会发现在桌面上生成名为"Registry"的图标。

双击桌面上的 Registry 图标，Registry 便以文件夹的形式打开注册表（图 5-18），在该窗口中，程序给出了注册表中的 6 个主键，查看某个主键下面的子键或键值时只要双击该主键的图标就可以进入该主键进行查看，非常方便。

9. 默认开启键盘指示灯

键盘指示灯 Windows XP 默认是不开启的。要想默认开启就要修改注册表：HKEY _ USERS \ . DEFAULT \ ControlPanel \ Keyboard，将其中的字符串 InitialKeyboardIndicators 的值改为 2 就可以了。

10. 加快关机速度

打开注册表编辑器，依次展开 HKEY _ CURRENT _ USER \ Control Panel \ Desktop，将其下的 HungAppTimeout 和 WaitToKillAppTimeout 设为"1000"，并将 AutoEndTasks 设为"1"。

接着定位到 HKEY _ LOCAL _ MACHINE \ SYSTEM \ CurrentControlSet \ Control，将 WaitToKillServiceTimeout 改为"1000"，退出注册表编辑器并重启计算机。这样，关机速度就比以前快多了。

5.4.6　实验报告要求

描述注册表基本设置步骤。

1. 如何打开注册表编辑器?
2. 简述修改注册表的过程。

5.5　物理层及以太网故障排除

5.5.1　实验目的

1. 掌握物理层故障排除方法。
2. 掌握以太网故障排除方法。

5.5.2　实验原理

物理层故障排除关注点主要有开箱即无法使用、安装后无法正常使用、使用过程中发生故障。以太网常见问题有过度冲突、严重噪声干扰、异常帧问题和性能问题。以太网实现形式差异产生的问题有帧格式的匹配问题、工作方式匹配问题、工作速率的匹配问题和电缆连接问题。

5.5.3　实验内容

1. 物理层故障排除方法。
2. 以太网故障排除方法。

5.5.4　实验步骤

1. 物理层故障排除

【案例 1】路由器相连设备故障导致路由器无法启动。网络连接拓扑如图 5-19 所示。

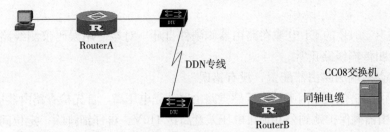

图 5-19　物理层结构拓扑图

（1）现象描述。同轴电缆通过一个转接头连接到 RouterB 的串口。在路由器启动过程中，通过 Console 口与 RouterB 相连接的 PC 的超级终端上没有任何显示。路由器各面板灯显示正常。

（2）可能原因分析。

①路由器没有正常启动。原因：路由器本身是故障的、所提供的电源不符合要求、电源线有问题。

②路由器正常启动但是没有在超级终端上显示。原因：超级终端各参数设置错误、配置电缆故障。

（3）处理过程。

①用同一根配置电缆连接到另一台路由器上，超级终端上正常显示。至此定位为路由器没有正常启动。

②更换路由器，电源线不换，超级终端上正常显示，至此排除电源和电源线的问题，定位为路由器本身或与之相连的设备故障。

③把与路由器相连的所有不必要的设备拔掉，再启动路由器，发现路由器能够正常启动，超级终端输出正常。定位为路由器相连设备故障导致路由器无法正常启动。

④一个一个地插上其他设备，发现插上转接头后路由器无法正常启动，更换转接头，路由器正常启动。

【案例 2】电源接地不好导致路由器通信不畅通。

（1）现象描述。

①某局组网如下：变电所 A 使用 Quidway R4001E 路由器通过 E1 链路和中心局的 Quidway R3680 路由器组网。R4001E 路由器电源连接一个 UPS 设备以保证不断电。

②故障现象如下：从 R4001E 向 R3680 发送 ping 包，丢包率达到 30％～40％。

③R4001E 的 E1 接口的 R-LOS 灯不断闪烁。通过 Console 口登到 R4001E，接口调试显示路由器 E1 接口不断地在 Down 和 Up 间转换状态。

（2）可能原因分析。

①本端路由器硬件故障。

②对端路由器硬件故障。

③传输线路故障。

④软件配置错误。

⑤其他原因。

（3）处理过程。

①硬件故障检查，将两端的路由器分别在本地与其他路由器进行背靠背检测，发现路由

器工作正常。

②将连接 R4001E 的 E1 电缆在路由器侧硬件自环，对端使用误码仪测线路质量，2h 内误码为零，说明传输线路正常。

③仔细检查两端的路由器配置，没有错误。

④那么还可能是什么原因呢？由于感觉路由器外壳电压高，首先检查路由器接地电压，经测量，发现路由器侧保护地到公共地排电压差竟高达 110V。再仔细排除，定位问题为 UPS 设备电源有电压泄漏现象，在 UPS 设备外壳接一电线连接到地排后，路由器工作正常。

（4）建议与总结。路由器上电启动进行数据配置前，进行如下检查：

①路由器周围是否有足够的散热空间？

②所接电源是否与路由器要求电源一致？

③路由器地线是否连接正确？

④路由器与配置终端等其他设备的连接关系是否正确？

【案例 3】RS232 线序错误造成路由器异步串口与 ATM 取款机无法连通。

（1）现象描述。

①某银行采用华为公司路由器通过异步串口与 ATM 取款机相连无法连通。

②使用 Show interface 命令，发现该串口处于 Down 状态。

（2）可能原因分析。

①双方的介质连接问题。

②两端的接口问题。

（3）处理过程。检查转接线的连接关系，确定线序接反，修改后可正常通信。

（4）建议与总结。转接线多数是现场制作的，必须保证制作线的连线顺序。

2. 以太网故障排除

【案例 1】速率不匹配导致链路时断时通。网络连接拓扑如图 5-20 所示。

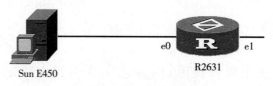

Sun E450   e0   **R**   e1
                        R2631

图 5-20　以太网结构图 1

（1）问题描述：链路时断时通。

％ Line protocol ip on interface Ethernet0，changed state to DOWN

％ Line protocol ip on interface Ethernet0，changed state to UP

％ Line protocol ip on interface Ethernet0，changed state to DOWN

％ Line protocol ip on interface Ethernet0，changed state to UP

（2）可能原因分析。

①网线问题，需检查网线的好坏。

②检查 Sun E450 网卡的好坏和 R2631 2FE 模块的好坏。

③从提示信息可以估计到与传输速率有关，需进行配置分析。因为 R2631 以太网口默认是自适应的，而 Sun E450 的网卡也是自适应的，两者很可能因为速率不匹配，造成网络

的物理连接时通时断。

（3）处理过程。

①监测网线，正常。

②监测 Sun E450 网卡，正常。

③配置 R2630 的接口 e0 工作在 100Mb/s 速率下，没有解决问题。

④配置 R2630 的接口 e0 工作在 10Mb/s 速率下，解决问题。

（4）建议与总结。许多网卡自适应功能并不太好，在与路由器或以太网交换机连接时，如果发现网络连接不通，排除网线问题后，很可能就是速率匹配的问题，不妨在某一方指定速率大小，一般都能解决此问题。

【案例 2】全双工/半双工不匹配导致丢包现象严重。网络连接拓扑如图 5-21 所示。

（1）网络设置。

①两台路由器的以太网口配置成为速率 10Mb/s，半双工。

②RouterB 和两台主机连续不断地向 RouterA 5.0.0.1 发送 ping 大报文，丢包率在正常范围。

（2）修改 RouterA 的配置为全双工，丢包率大大升高，是原来的 20 倍以上。

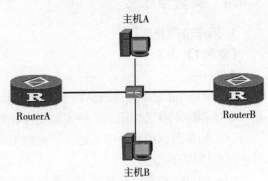

图 5-21　以太网结构图 2

（3）建议与总结。全双工/半双工的不匹配对网络的性能有很大影响，虽然在多数情况下并不易察觉，但当网络流量非常大时，确实会造成网络性能问题。如果发现在大流量下网络丢包现象较为严重，那么设备间工作方式的匹配性应是排错的关注点。

5.5.5　实验报告要求

1. 描述以太网故障排除步骤。

2. 描述物理层故障排除步骤。

思考题

1. 简述以太网故障检查步骤。

2. 简述物理层故障检查步骤。

5.6　数据链路层故障排除

5.6.1　实验目的

掌握数据链路层故障排除方法。

5.6.2　实验背景知识

数据链路层的功能：在物理层提供比特流传输服务的基础上，在通信的实体之间建立数据链路连接，传送以帧为单位的数据，通过差错控制、流量控制方法，使有差错的物理线路变成无差错的数据链路。数据链路层的主要设备包括网卡、网桥和交换机，因此数据链路层的故障主要是网卡、网桥和交换机的故障。

5.6.3　实验内容

1. 网卡故障排除方法。
2. 网桥故障排除方法。
3. 交换机故障排除方法。

5.6.4　实验步骤

1. 网卡故障排除

【案例 1】上不了网。

解决方法：

（1）用 ping 命令连通测试网卡本身的 IP 地址。如果正常就说明当前的网卡安装正确，而且驱动程序本身工作正常，网卡也不存在与其他设备发生冲突的可能。

（2）如果测试校园网中其他计算机的 IP 地址时不通，则可能是其他计算机当前没有开机或网络连接有问题。

（3）如果这些原因都排除了，那么很可能就是网卡和网络协议没有安装好。这时可以将网络适配器在系统配置中删除，然后重新启动计算机，系统就会检测到新硬件，并自动寻找驱动程序再进行安装，这样就可解决上不了网的问题。

（4）网卡硬件损坏，或者网卡质量不过关。

（5）网线、跳线或插座故障。

（6）UPS 电源故障。

【案例 2】在 Windows 10 的"网上邻居"中找不到域及服务器，但可找到其他工作站。这个问题产生的原因是登录的连接速度设置不对。解决该问题的操作步骤如下：

（1）在"开始"菜单中选择"设置"命令，进入"控制面板"窗口。

（2）在"控制面板"窗口中找到"网络"图标，双击进入"网络"窗口。

（3）在"网络"窗口中找到"网络用户"，选择"属性"。

（4）在"属性"窗口的"网络登录选项"中选择"快速登录"即可。

【案例 3】在"网上邻居"窗口中浏览时经常只能找到本机的机器名，但无法通过网络查找到其他计算机。

这种情况说明机器的网卡没有问题，可能的原因如下：

（1）添加的协议不全。

（2）没有在启动时正确地登录网络。

（3）检查这台计算机的网络配置。

（4）检查这台计算机的网卡设置与其他资源是否有冲突。

【案例 4】安装网卡后，开机速度比以前慢。

解决方法：设置网卡的 TCP/IP 地址。

具体操作：打开"我的电脑"→"控制面板"→"网络"→"TCP/IP 协议"→"属

性"→"IP 地址",把地址设置在下面的范围:

　　10.0.0.0～10.255.255.255

　　172.16.0.0～172.31.255.255

　　192.168.0.0～192.168.255.255

【案例 5】网卡已正常工作,但不能和外界进行通信。

这种故障不容易找到其原因,因为系统无任何错误的提示信息。

解决方法:

(1) 检查网络线路有没有问题。

(2) 检查网卡的资源部分(检查中断号,输入/输出范围为 0300～031F)。

(3) 检查设备端口(检查中断号是否被占用,如果已被占用,则和网卡中断号发生冲突)。

【案例 6】即插即用的网卡和计算机的其他设备发生资源冲突,计算机不会出现提示即插即用的网卡。可能与其他设备发生资源冲突的网卡有:

(1) NE2000 兼容网卡和 COM2 有冲突,都使用中断 IRQ3。

(2) Realtek RT8029 PCI Ethernet 网卡容易和显卡发生冲突。

为了解决(1)、(2)的冲突,可进行此设置:在设置窗口中将 COM2 屏蔽,并强行将网卡中断设为 3。

(3) PCI 接口的网卡和显卡发生冲突时,可以采用不分配 IRQ 给显卡的办法来解决。具体操作是将 CMOS 中的 Assign IRQ for VGA 一项设置为"Disable"。

【案例 7】网卡出现无反应的现象。

可能的原因和解决方法:

(1) 检查网卡是否松动。网卡松动,网络连接会时断时续,甚至无任何反应。此时,检查网卡指示灯,看它是否处于闪烁状态。如果指示灯不亮,需打开机箱,从插槽中拔出网卡,重新插入,或者换一个新的插槽,重新插入网卡,并确保网卡与主板插槽紧密结合。

(2) 检查驱动程序是否更新,网卡的驱动程序是否与网卡型号一致。尽量不用相近的网卡驱动程序来代替。

(3) 检查 CMOS 设置是否正确。

①设置 CMOS 参数。

②重新启动计算机,进入 CMOS 参数设置界面,然后进入"PNP/PCI Configuration"设置页面,检查其中的"IRQ5"参数,看设置是否正确。

③此时,可将"IRQ5"参数重新修改为"PCI/ISA PnP",最后保存好参数,重新启动系统。

(4) 检查网卡参数是否正常。检查网卡参数是否设置正确。在设置网卡参数时,应该先看看 TCP/IP 协议是否已经安装,然后再看看 IP 地址、DNS 服务器、网关地址等参数是否设置正确。

(5) 检查网线的线序是否正确。除了上述几点可能会引起网卡发生故障外,网线的连接与网卡的工作环境,也是不能忽视的。在制作网线时,不能忽视网线的线序(568A、568B)。

【案例 8】网卡的信号指示灯不亮。

解决方法:网卡的信号指示灯不亮,一般是由网络的软件故障引起的。

(1) 检查网卡设置。

（2）检查网卡驱动程序是否正常安装。

（3）检查网络协议。打开"控制面板"→"网络"→"配置"选项，查看已安装的网络协议，必须配置以下各项：NetBEUI 协议和 TCP/IP 协议、Microsoft 友好登录、拨号网络适配器。如果以上各项都存在，重点检查 TCP/IP 是否设置正确。在 TCP/IP 属性中要确保每一台计算机都有唯一的 IP 地址，将子网掩码统一设置为 255.255.255.0，网关要设为代理服务器的 IP 地址（如 192.168.0.1）。另外，必须注意主机名在局域网内也应该是唯一的。最后用 ping 命令来检验一下网卡能否正常工作。

2. 网桥故障排除

【案例 1】 吞吐量不足的问题。

网桥的吞吐量是以每秒转发的数据帧数来衡量的。当吞吐量有问题时，测试网桥的吞吐量和实际的吞吐量，根据实测的结果选择线路的速率。

【案例 2】 数据帧丢失。

除由于吞吐量不够而造成数据包丢失外，处于正常工作状态的网桥也会丢失无效的数据包和超时的数据包（数据包保存时间最大为 4s），因此要求选择的网桥缓存数据包的时间不能过短。

【案例 3】 网桥不工作。

网桥不工作可能是以下原因引起的：

（1）安装不当。

（2）配置差错（例如，产品是 10Mb/s 却被设置成 100Mb/s）。

（3）端口未被激活。

（4）连接失效（电缆松动、连接器松动、模块未插紧）。

（5）如果不是上述原因，那么就是产品本身的质量问题。

【案例 4】 网桥信号指示灯不亮。

网桥信号指示灯不亮可能是以下原因引起的：

（1）支路信号消失。

①支路没有使用。

②支路接口接反。

③支路松动。

④支路损坏。

（2）故障排除。

①检查接口的输入方向。

②检查接口的连接，包括电缆。

③如属设备问题，应联系供应商维修或退换。

【案例 5】 网桥数据能通，但有丢包现象。

此现象表明线路有误码或 LAN 口网线做法不规范。

故障排除：先用误码仪测试线路看是否存在误码，再检查以太网线做法是否规范。正确的做法应是 1、2 脚用同一对双绞线，3、6 脚用同一对双绞线。

【案例 6】 网桥 Link 指示灯不亮。

此现象表明以太网接口不通。

（1）以太网接口没有使用。

（2）以太网接口松动。

（3）检查以太网连接。

（4）更换设备。

【案例 7】所有指示灯显示正常，但使用 ping 命令测试不通。

所有指示灯显示正常，表明当前设备的物理连接正常，只有线路和网络存在问题。

故障排除：首先用误码仪测试线路，确定传输通道是否存在问题。其次使用 ping 命令检查两台 PC 的网络环境是否相同。

3. 交换机故障排除

（1）交换机子系统的故障诊断与排除。

①电源子系统的故障。

解决方法：交换机在引导过程中，电源子系统的任何组件若发生故障，为排除故障可以采取下面的步骤。此外，通过检查管理模块中 LED 的状态也可以了解到一些故障现象。

A. 检查 PS1 LED 是否亮着，如果没有，则检查电源线连接是否正确（交换机的电源插口在机壳的背面），确保安装螺钉已经拧紧。

B. 检查交流电源和电源线，将电源线接插到另一个有效的电源，并打开它，如果 LED 指示灯仍不亮，则需要更换电源线，如果使用的是直流电源，检查直流电源是否有效并是否能正常供电，再检查机壳背面的接线盒，以保证上面的螺钉都已拧紧，连接线没有故障。如果交换机用一根新的电源线连到另一个供电电源后，LED 指示还是不正确，说明供电电源可能有故障。如果还有另一个可用的供电电源，可以试着替换一下。如果电源线和供电电源都是好的，但交换机的电源就是不能正常工作，说明交换机的电源有可能是坏的。这时需要与公司取得联系，更换一个新的电源，并将坏电源寄回去修理；如果需要，则对另一个电源也按上述同样步骤进行诊断。

注意：在排除电源子系统故障时，切记防止被电击。

②散热子系统的故障。

解决方法：交换机在引导过程中，散热子系统故障，可以遵照下列步骤排除。

检查管理引擎模块的 Fan LED 是否为绿色。如果不是，检查电源子系统是否正常工作。如果电源子系统工作不正常，遵照"电源子系统的故障"中所介绍的步骤进行检查。如果 Fan LED 显示为红色，也许是风扇座没有正确插到交换机机板插槽中。为了确保安装正确，可以关闭电源，松开固定螺钉，拔出风扇座，再重新插入插槽中。拧紧所有固定螺钉，然后重新开启电源。风扇座是设计为支持热插拔的，但只要有可能，建议在插拔风扇座时还是要先关闭电源。而 Catalyst 5002 交换机来说是个例外，它的散热子系统不是一个现场可换部件（Field Replaceable Unit，FRU）。如果 Fan LED 仍然为红色，说明系统可能检测到风扇损坏。Catalyst 5000 系列交换机的正常工作温度是 0～40℃。系统不能在没有风扇的条件下工作。这时，应该立即关闭系统，因为如果 Catalyst 交换机在没有风扇的条件下工作，可能会发生严重的损坏。如果交换机有硬件方面的故障，可以与客户支持代表联系，以寻求进一步的支持。

③处理器和接口子系统的故障。

解决方法：对于处理器和接口子系统故障，可按照下述步骤排除。

A. 检查管理引擎模块的 LED，如果所有诊断和自检都正确，它应该显示绿色，而且端口应该在工作中。如果 LED 显示为红色，说明 BootUp 或者诊断测试过程的某一部分没有通过。如果 LED 在引导过程结束之后，仍然保持为橘黄色，则表明该模块没有启动。

B. 检查各个接口模块的 LED。如果接口工作正常，其 LED 应该显示绿色（或者在该端口传送或接收信息的过程中，绿灯应该闪烁）。

C. 检查所有电缆线和连接，替换掉任何有故障的电缆线。

④交换机的 LED 橙色故障。

解决方法：橙色的 SYSTEM LED 说明出现机柜告警信息，原因可能是温度告警、风扇故障或者部分电源故障（2 个电源中的 1 个出现故障）。

⑤交换机处于 ROMmon 提示状态的故障。

解决方法：交换机会由于下述原因进入 ROMmon 模式。启动变量没有正确设置，无法从有效的软件镜像来启动交换机；配置寄存器没有正确设置；软件镜像遗失、被损坏，或者有软件升级故障；将运行的交换机从 ROMmon 提示状态恢复。

（2）交换机工作和使用的故障诊断与排除。

①故障现象 1。工作站连接到交换机上的端口后，无法使用 ping 命令连通局域网内其他计算机。其故障原因和解决方法：

A. 检查被 ping 命令测试的计算机是否安装有防火墙。

B. 检查被 ping 命令测试的计算机是否设置了 VLAN（虚拟局域网），不同 VLAN 内的工作站在没有设置路由的情况下无法测试连通。

C. 修改 VLAN 的设置，使它们在一个 VLAN 中，或设置路由使 VLAN 之间可以通信。

②故障现象 2。交换机连接的所有计算机都不能正常与网内其他计算机通信。

故障原因和解决方法：这是交换机死机现象，可以通过重新启动交换机的方法解决；如果重新启动后，故障依旧，可能是某台计算机上的网卡故障导致的，则检查一下那台交换机连接的所有计算机，看逐个断开连接的每台计算机的情况，慢慢定位到故障计算机。

③故障现象 3。网管功能的交换机的某个端口变得非常缓慢。

故障原因和解决方法：

A. 把其他计算机连接更换到这个端口上来，看这个端口连接的计算机是否非常缓慢：是，交换机的某个端口故障；否，原计算机故障。

B. 重新设置出错的端口并重新启动交换机。

④故障现象 4。计算机通过交换机和其他计算机相连在同一网段，但使用 ping 命令测试不通。

故障原因和解决方法：

A. 可能是硬件故障，若是硬件故障，应检查交换机的显示灯、电源和连线是否正确，交换机是否正常。

B. 可能是设置故障。若是设置故障，先检查交换机是否设置了 IP 地址，如果设置了和其他计算机不在同一网段的 IP 地址，将其删除，或设一个和其他计算机在同一网段的 IP 地址；是否是 VLAN 设置的故障，如果交换机设置了不同的 VLAN，连接交换机的几个端口属于不同的 VLAN，所以不通，此时只要将设置的 VLAN 去除即可。

⑤故障现象 5。所有客户端计算机都是用交换机接入的，其中一台计算机不能上网。

故障原因和解决方法：遇到此种故障，无法确定到底故障发生在哪里。因为客户端计算机配置、网卡、水晶头、水平线、模块、跳线、交换机这条线路上的任一个地点都有可能发生故障。排除此种故障，采用"由远而近"的原则：

由远而近排除客户端的故障可能：检查客户端计算机的网卡，Link 指示灯亮但不闪烁，表示有物理链路连接，但没有数据传输，那就有可能是计算机的配置有错误；检查客户端计算机上的 IP 设置是否正确；使用 ping 命令测试得不到响应，说明从计算机跳线直至交换机端口这段线路上存在问题。由于网卡的 Link 指示灯亮着，可以说明这条线路没有问题。依此分析，远端计算机没有问题，出现问题的最大可能是近端交换机的端口而不是线路本身。

通过由外而内的方法来验证是否是端口故障：由外，观察交换机的端口指示灯，该端口的 Link 指示灯是绿色，表明有连接；出现问题的是近端交换机的端口。

排除方法是清洗端口：关闭电源；使用酒精棉球（酒精纯度 95%）清洗端口，等端口上的酒精挥发后，再打开交换机。

此时远端的计算机能够使用 ping 命令测试通了，至此故障消除了。如果使用 ping 命令测试还不通，只有请产品供应商来协助更换端口了。

5.6.5 实验报告要求

描述数据链路层故障排除步骤。

思考题

1. 串行链路配置的常见问题有哪些？
2. 数据链路层故障主要有哪些？

第6章 常用网站设计与开发技术实践

本章通过一个旅游观光网站的设计，介绍常用网站的设计与开发技术，包括建站的基础知识、HTML 基础、层叠样式表基础和具体应用技术，并学习通过网页设计软件 Dreamweaver 来快速设计页面。

6.1 网站的创建与设置

6.1.1 实验目的

1. 掌握创建网站的基本原则。
2. 掌握使用网页设计软件 Dreamweaver 创建网站的方法。

6.1.2 实验背景知识

一个网站在开始建设之前，首先要进行建站规划。规划阶段需要考虑各类因素，其中核心因素是以用户为中心，网站规划是指在网站建设之前对市场进行分析，确定网站的建设目的和功能，并根据需要对网站建设中的技术、内容、费用、测试、维护等做出规划。

网站设计最先完成的是网站的主题、标志和色彩设计，主题要小而精，题材最好是擅长或者喜爱的内容，名称要易记而有特色。本章所设计的网站的主题是旅游观光，向游客介绍北方旅游胜地哈尔滨市的部分景点，为网站取名"魅力哈尔滨"。

1. 网站规划原则

网站规划原则：①目标明确，主题鲜明；②实际情况和用户需求，关键在于以用户为中心，从实际出发，主次分明，循序渐进；③结构合理，内容清晰，要求文件目录合理，链接明确，内容清晰；④企业专业特性介绍，对于企业使用的网站，要求做到对外介绍专业，对内提供信息服务；⑤网站版式设计，以及实用性功能服务应符合实际需要。

2. 确定网站开发形式

根据企业内部情况得出的结果，来确定是企业本身独立开发，还是外包给网络公司或者与外单位联合开发等。

（1）自主开发。自主开发又称为最终用户开发，适合于较强的信息技术队伍的企业，企业完全以自己的力量进行开发。

（2）委托开发。委托开发适合于网站开发队伍的力量较弱，但资金较为充足的单位。

（3）合作开发。合作开发适合于有一定的信息技术人员，但可能对网站建设规律不太了解，或者是整体优化能力较弱，希望通过网站的建设完善和提高自己的技术队伍，便于后期的系统维护工作的企业。

（4）购买网站与二次开发。网站建设的开发已专业化，一些专门从事网站建设的公司已经开发出满足各行业的、使用方便且功能强大的网站模板。

3. 网站技术解决方案

（1）解决服务器硬件建设问题，通常采用自建服务器，否则租用虚拟主机。

（2）选择网站使用的网络操作系统，可选用 UNIX、Linux 或 Windows Server，如果第一步选择的是虚拟主机则无须考虑此问题。

（3）采用系统性的解决方案（如 IBM、HP 等公司提供的企业上网方案、电子商务解决方案）或者自行开发。

（4）决定网站的安全性措施，包括防黑客、防病毒方案。

（5）选择相关的网站开发技术，如 ASP. net、JSP、CGI 等。

4. 网站内容规划

（1）一般企业网站应包括公司简介、产品介绍、服务内容、价格信息、联系方式、网上订单等基本内容。

（2）电子商务类网站要提供会员注册、详细的商品服务信息、信息查询、订单确认、付款、个人信息保密措施、相关帮助等。

（3）如果网站栏目比较多，则考虑采用专人负责相关内容。

5. 网站栏目规划概述

（1）栏目规划概念。网站结构大体包括两种，即逻辑结构和物理结构。逻辑结构描述的是网页文档间的链接关系，而物理结构描述的是网页文档的实际存储位置。如果说逻辑结构是为用户而设计的，那么，物理结构就是为管理员而设计的。我们将逻辑结构的设计称为栏目规划，将物理结构的设计称为目录规划。

（2）目录规划原则。栏目的目录设计力求简洁，结构层次清晰，有利于网站的管理和运行的优化；重点突出，要仔细考虑内容的轻重缓急，合理安排，突出重点；方便访问者，一般情况下一个访问者能够在 3～5 次单击后就可以查询到自己所关注的信息。

主要内容栏目要分得细致，"开门见山"地列出主要内容；首页设置超级链接和搜索引擎；设定双向交流的栏目；设置信息下载和咨询服务栏目。

6. 设计网站的标志（Logo）

（1）标志可以是中文、英文字母，也可以是符号、图案等。

（2）若网站有代表性的人物、动物、花草，可以用它们作为设计的蓝本。

（3）若网站具有专业性，可以以本专业有代表性的物品作为标志。

（4）最常用和最简单的方式是用自己网站的英文名称做标志。

7. 设计网站的色彩

网站给人的第一印象来自视觉冲击，不同的色彩搭配产生不同的效果，并可能影响访问者的情绪。颜色搭配是体现风格的关键。

（1）色彩的色环。所谓色环（图 6-1），就是将色彩按红、黄、绿、蓝、红依次过渡渐变，这样就可以得到一个色彩环。色环有暖色系、寒色系和中性系。

（2）色彩的心理感觉。

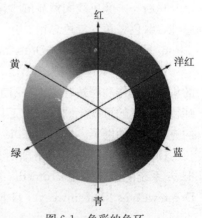

图 6-1　色彩的色环

　　① 红色是一种激奋的色彩。能使人产生冲动、愤怒、热情、活力的感觉。

　　② 绿色是一种介于冷暖两种色彩的颜色，显得和睦、宁静、健康、安全。它和金黄、白搭配，可以给人优雅、舒适的感觉。

　　③ 橙色也是一种激奋的色彩，具有轻快、欢欣、热烈、温馨、时尚的效果。

　　④ 黄色具有快乐、希望、智慧和轻快的个性，它的明度最高。

　　⑤ 蓝色是一种凉爽、清新、专业的色彩。它和白色搭配，能营造柔顺、淡雅、浪漫的气氛，就像天空的色彩一样。

　　⑥ 白色是一种洁白的颜色，给人一种明快、纯真、清洁的感受。

　　⑦ 黑色能给人一种深沉、神秘、寂静、悲哀、压抑的感受。

　　⑧ 灰色能给人一种中庸、平凡、温和、谦让、中立和高雅的感受。

　　（3）使用单色彩。所谓单色彩，是指先选定一种色彩，然后调整透明度或者饱和度，也就是说，将某一种单色彩变淡或变深后产生一种新的色彩，用于网页。

　　（4）使用两种色彩。所谓两种色彩，是指先选定一种色彩，然后再选择该色彩的对比色。

　　（5）使用一个色系。所谓色系，是指一个感觉的色彩，例如淡蓝、淡黄、淡绿，或者土黄、土灰、土蓝。

　　（6）网页最常用的流行色。

　　蓝色：蓝天白云，沉静整洁。

　　绿色：绿白相间，雅致而有生气。

　　橙色：活泼热烈，标准商业色调。

　　暗红：宁重、严肃、高贵，需要配黑和灰来压制刺激性强的红色。

　　（7）颜色的忌讳。

　　忌脏——背景与文字内容对比不强烈，灰暗的背景令人沮丧。

　　忌纯——艳丽的纯色对人的刺激太强烈，缺乏内涵。

　　忌跳——再好看的颜色，也不能脱离整体。

　　忌花——要有一种主色贯穿其中，主色并不是面积最大的颜色，而是最重要、最能揭示和反映主题的颜色，就像领导者一样，虽然在人数上居少数，但起决定作用。

　　忌粉——颜色浅固然显的干净，但如果对比过弱，就显得苍白无力了。一般而言，蓝色忌纯，绿色忌黄，红色忌艳。

8. 网站设计工具——Dreamweaver 介绍

　　Dreamweaver，简称"DW"，中文名称"梦想编织者"，是美国 Macromedia 公司开发的集网页制作和网站管理于一身的所见即所得网页编辑器。DW 是第一套针对专业网页设计师特别开发的可视化网页开发工具，利用它可以轻松制作出跨越平台限制和跨越浏览器限制的充满动感的网页。Macromedia 公司成立于 1992 年，2005 年被 Adobe 公司收购。

　　Dreamweaver 使用所见即所得的接口，亦有 HTML 编辑的功能，它有 Mac 和 Windows 系统的版本。Macromedia 被 Adobe 收购后，Adobe 也开始计划开发 Linux 版本的 Dreamweaver。Dreamweaver 自 MX 版本开始，使用了 Opera 的排版引擎"Presto"作为网页预览。

　　在 Dreamweaver 的工作界面中（图 6-2），工具栏全是浮动的，可以将工具栏缩小，也可以关闭。一般称这些工具栏为浮动面板，利用浮动面板来控制对页面的编写，而不是利用烦琐的对话框，这是 Dreamweaver 编辑网页的一个特色。通过在浮动面板中进行属性设置，就可以直接在文档中看到结果，避免了中间过程，提高了工作效率。浮动面板中以"插入"面板和"属性"面板最为重要。

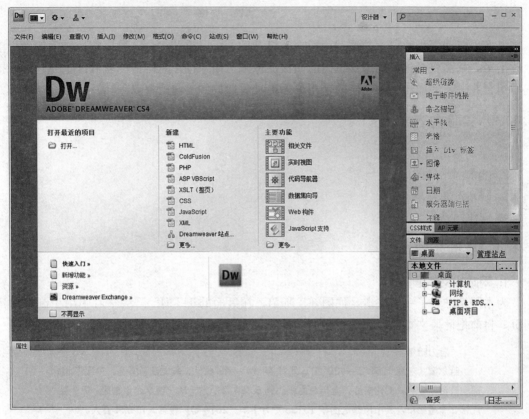

图 6-2　Dreamweaver 工作界面

　　"插入"面板的主要功能相当于"插入"菜单，主要是向网页中插入一些对象，如表格、框架、图像、层、Flash 动画等，它通过一个下拉菜单，把要插入的选项都包括了，如图 6-3 所示。部分选项有若干图标，只要在图标上单击一下，就可以插入想要的对象了。

　　"属性"面板会随着编辑的内容而变化，如图 6-4 所示，即文字"属性"面板，它里面包含了所要编辑的文字的所有可编辑选项，包括字体、颜色、大小、链接、缩进等，它的右下角还有一个向下的小三角箭头，单击它，会展开"属性"面板，这样就把一些不常用的属性也列出来了。展开后，箭头会变成向上的状态，单击它，又会使

图 6-3　"插入"面板

"属性"面板复原。"属性"面板很多，还有图像"属性"面板，层"属性"面板等，用户只要选择要编辑的对象，它就会自动变化。

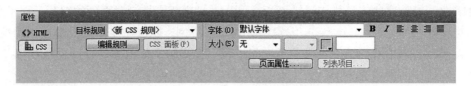

图 6-4　文字"属性"面板

　　所有由启动面板弹出来的浮动面板在被打开后，可以重新组合，可以将经常用的面板单独拉出来，只需将鼠标放到想要拉出的面板的标签上面，按住左键拖动就可以了。同理，把它们组合在一起的操作也是一样的，用鼠标拖动后，放到上面就可以。

6.1.3　实验内容

　　1. 准备网站的文本。
　　2. 准备网站的图像。
　　3. 网站资源整理。
　　4. 创建网站。

6.1.4　实验步骤

1. 网站的文本准备

　　为本网站准备了一段文本，如图 6-5 所示，在后面的 HTML 语法学习中用于制作示例网页。目前把此段文本保存为文本文件（扩展名为 .txt）格式。

　　　　"魅力哈尔滨"
　　　　哈尔滨（东经 125°42′—130°10′、北纬 44°04′—46°40′），黑龙江省省会，中国东北北部的政治、经济、文化中心。全市总面积约为 5.384 万平方千米，辖 9 个市辖区、7 个县，代管 2 个县级市，其中市辖区面积 10198 平方千米。2014 年户籍总人口 994 万人。
　　　　哈尔滨地处东北亚中心地带，被誉为欧亚大陆桥的明珠，是第一条欧亚大陆桥和空中走廊的重要枢纽，也是中国著名的历史文化名城、热点旅游城市和国际冰雪文化名城。是国家战略定位的"沿边开发开放中心城市""东北亚区域中心城市"及"对俄合作中心城市"，有"冰城""天鹅项下的珍珠""丁香城"以及"东方莫斯科""东方小巴黎"之美称，还有"文化之都""音乐之都""冰城夏都"的美誉。
　　　　"魅力哈尔滨"网站主要向广大游客介绍人气景区、著名美食、主要商圈和各大高校。
　　　　一、人气景区
　　　　人气景区版块主要向游客推荐冰雪大世界、防洪纪念塔、索菲亚教堂、中央大街等景点。
　　　　二、美食地图
　　　　美食地图版块向游客介绍哈尔滨的俄式西餐、道外小吃等风味美食。
　　　　三、时尚商圈
　　　　时尚商圈版块向游客介绍南岗松雷远大商业区、道里新一百、香坊乐松商业区。
　　　　四、箐箐校园
　　　　箐箐校园版块向游客介绍东北农业大学、哈尔滨工业大学、哈尔滨理工大学等著名在哈高校。

图 6-5　网站的示例文本

2. 网站的图像准备

在本网站中重点制作的是"人气景区"版块，因此要事先收集好相应的图片，如图 6-6 所示。

图 6-6　准备网站所需图片

3. 网站资源整理

为了能够有效地对网页素材进行管理，需要创建一个文件夹，将已经收集的素材都复制进去。本网站在桌面创建了一个文件夹"mysite"，并为其创建一个子文件夹"image"，专门用于存放图像，因本网站的素材较少，因此将图片都放入"image"文件夹中，其余文件存放进"mysite"文件夹中。

4. 创建网站并设置基本信息

接下来打开 Dreamweaver 网页编辑工具，以"mysite"文件夹为根目录创建网站。选择 Dreamweaver 网页编辑工具的"站点"菜单，单击"新建站点"菜单项，在弹出的对话框中打开"高级"选项卡，为新网站设置站点名称、本地根文件夹、默认图像文件夹等，如图 6-7 所示。

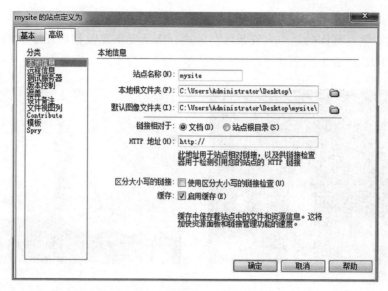

图 6-7　站点定义对话框

6.2　使用 HTML 编写网页

6.2.1　实验目的

1. 掌握 HTML 的基本语法。
2. 掌握使用 HTML 创建基本页面的方法。

6.2.2　实验背景知识

互联网风行世界，作为展现互联网风采的重要载体——网页受到了越来越多的人的重视。好的网页可以吸引用户光顾站点，从而达到宣传网站的目的。网页是由 HTML（Hypertext Markup Language，超文本标记语言）组织起来的，由浏览器解释显示的一种文件。基本上每一个网页都是由 HTML 组成的，所以要学习网站建设，必须从设计网页的基本语言学起。

1. HTML 简介

HTML 是网络的通用语言，是一种简单、通用的全置标记语言。它允许网页制作人建立文本与图片相结合的复杂页面，这些页面可以被网上任何人浏览，无论使用的是什么类型的计算机或浏览器。

最初的 HTML 功能极其有限，仅能够实现静态文本的显示，人们远远不满足于死板的、类似于文本文件的网页。后来增强的 HTML 扩展了对图片、声音、视频影像的支持。

HTML 作为一种建立网页文件的语言，通过标记式的指令，将影像、声音、图片、文字等显示出来。这种标记性语言是互联网上网页的主要语言。HTML 网页文件可以使用记事本、写字板或 Dreamweaver 等编辑工具来编写，以 .htm 或 .html 为文件后缀名保存。将 HTML 网页文件用浏览器打开显示，若测试没有问题则可以放到服务器中，对外发布信息。HTML 标记由"＜"和"＞"所括住的指令标记，用于向浏览器发送标记指令，主要分为单标记指令和双标记指令。HTML 使用标志对的方法编写文件，既简单又方便，即以"＜标记名＞内容</标记名>"的格式来表示标记的开始和结束。为了便于理解，将 HTML 大致分为基本标记、格式标记、文本标记、图像标记、表格标记、链接标记、表单标记等。

HTML 标准不断更新，1999 年 12 月发布了 HTML4.01 后，2013 年 5 月 6 日，HTML 5.1 正式草案公布。该规范定义了第五次重大版本，第一次修订万维网的核心语言——超文本标记语言。在这个版本中，新功能不断推出，以帮助网页应用程序的设计者，努力提高新元素的互操作性。

HTML 5.1 版本进行了多达近百项的修改，包括 HTML 和 XHTML 的标签，相关的 API、Canvas 等，同时 HTML 5.1 的图像 img 标签及 svg 也进行了改进，性能得到进一步提升。支持 HTML 5.1 的浏览器包括 Firefox（火狐浏览器）、IE9 及其更高版本、Chrome（谷歌浏览器）、Safari、Opera 等；国内的傲游浏览器（Maxthon），以及基于 IE 或 Chromium（Chrome 的工程版或称实验版）所推出的 360 浏览器、搜狗浏览器、QQ 浏览器、猎豹浏览器等国产浏览器同样支持 HTML 5.1。

在移动设备上开发 HTML 5.1 应用只有两种方法：全使用 HTML 5.1 的语法，或者仅使用 JavaScript 引擎。JavaScript 引擎的构建方法让制作手机网页游戏成为可能。

纯 HTML 5.1 手机应用运行缓慢且错误很多，但优化后的效果会好转。HTML 5.1 手机应用的最大优势就是可以在网页上直接调试和修改。应用以前版本的开发人员可能需要花费很多精力才能达到 HTML 5.1 的效果，因此也有许多移动客户端是基于 HTML 5.1 标准，开发人员可以轻松调试修改。

2. HTML 基本标记

基本标记用来定义页面属性。通常一个 HTML 网页文件包含 3 个部分：标头区<head></head>、内容区<body></body>和网页区<html></html>。

（1）<html></html>。<html>标记用于 HTML 文档的最前边，用来标识 HTML 文档的开始。而</html>标记恰恰相反，它放在 HTML 文档的最后边，用来标识 HTML 文档的结束，两个标记必须成对使用。

（2）<head></head>。即整个文档的头部，<head>和</head>构成 HTML 文档的开头部分，在此标记对之间可以使用<title></title>、<script></script>等标记对。这些标记对都是用来描述 HTML 文档相关信息的，<head></head>标记对之间的内容不会在浏览器的框内显示出来，两个标记也必须成对使用。

（3）<body></body>。该标记用于标识网页的"身体"部分，"身体"是网页最主要的组成部分。因为前面讲的两个标记都不是页面所显现出来的，而用户所看到的页面就是"身体"部分。

<body></body>作为 HTML 文档的主体标记，之间可包含<p></p>、<h1></h1>、
、<hr>等众多标志。它们所定义的文本、图像等会在浏览器中显示出来。

设置背景颜色：<body bgcolor="red">，其中 bgcolor="red" 即设置网页的背景颜色为红色，颜色也可使用一组十六进制数字进行标识，例如红色可使用"♯ff0000"表示。

设置背景图片：<body backgroud="back-ground. gif">，back-ground. gif 是背景图片的文件名。此处较易出现错误，如代码书写正确，网页却没有显示背景图片。其实 back-ground. gif 是该图片相对于这个页面的位置，如制作的这个页面放在"C：\ 我的网站 \"中，而背景图片放在"C：\ 我的网站 \ images \"中，那么正确的代码应为<body

backgroud="images \ back-ground. gif">。

body 其他属性：topmargin（上边距）和 leftmargin（左边距）。刚开始学习制作网站页面时，往往会发现文字或者表格怎么也不能靠在浏览器的最上边和最左边，即存在边距，这是什么原因呢？因为一般网页制作软件或者 HTML 默认的 topmargin 和 leftmargin 值等于12，如果把这两个值设为 0，边距即消失。

（4）<title></title>。该标记为标题的标识，需要放在<head>和</head>之间，也就是<head><title>标题</title></head>的形式。

浏览器窗口最上边蓝色部分显示的文本信息，即网页的标题。

下面是一个简单的网页实例。通过该实例可以了解以上介绍各个标记对在一个 HTML文档中的布局或相对位置。

<html>

<head>

<title>显示在浏览器窗口最顶端中的文本</title>

</head>

<body bgcolor="red" text="blue">

<p>红色背景、蓝色文本</p>

</body>

</html>

注意：<title></title>标记对只能放在<head></head>标记对之间。

3. HTML 格式标记与文本标记

（1）标题字体标记。

语法：<h♯>标题</h♯>，其中♯＝1、2、3、4、5 或 6。

例如：<h1>今天天气真好！</h1>

标题字体基本都用在标题上，<h♯></h♯>这些标记之间的文字以黑体字体显示。浏览时这些标记自动插入一个空行，不必用<p>标记再加空行，因此在一行中无法使用不同大小的字体。

（2）段落标记。

语法：<p>段落</p>。

该标记对用来创建一个段落，在此标记对之间加入的文本浏览时将按照段落的格式显示。<p>标记还可以使用 align 属性，用来说明对齐方式，语法如下：

<p align="参数"></p>

align 属性的参数可以是 left（左对齐）、center（居中）和 right（右对齐）3 个值中的任一个。例如<p align="center"></p>表示标记对中的文本的对齐方式为居中。

（3）字体大小标记。

语法：<font size=♯> 文字</font>，其中♯＝1、2、3、4、5、6 或 7。

例如：<font size=7>今天天气真好！</font>

（4）逻辑字体。下画线<u>文字</u>，删除线<strike>文字</strike>，闪烁<blink>文字</blink>，增强<strong>文字</strong>，强调<em>文字</em>。示例：<samp>文字</samp>。

（5）粗体斜体标识。粗体<b>文字</b>，斜体<i>文字</i>。

（6）字体颜色。

用于指定字体颜色，语法：<font color＝#>文字</font>。

#为十六进制数码，即"#rrggbb"，或者是下列预定义色彩：black（黑色）、olive（橄榄色、teal（青色）、red（红色）、blue（蓝色）、maroon（栗色）、gray（灰色）、lime（酸橙）、fuchsia（紫红色）、white（白色）、green（绿色）、purple（紫色）、silver（银色）、yellow（黄色）、aqua（浅绿色）等。

对于十六进制编码的颜色，可以这样理解 rrggbb 六个字符：前两个表示红色，中间两个表示绿色，后两个表示蓝色；那么，红色编码为 ff0000，绿色编码为 00ff00，蓝色编码为0000ff；其他的颜色就是这几个字符（0～9、a～f）的组合。

如：<font color＝red> 文字 </font>

　　<font color＝#ff0000> 文字 </font>

以上两行代码指定的文字颜色均为红色。

（7）
。
是一个很简单的单标记，它没有结束标记，因为它用来创建一个回车换行，即标记文本换行。若把
放在<p></p>标记对的外边，将创建一个大的回车换行，即
前边和后边的文本的行与行之间的距离比较大。若放在<p></p>的里边，则
前边和后边的文本的行与行之间的距离将比较小。

4. 统一资源定位器

URL 是 Uniform Resources Locater 的缩写，其含义是统一资源定位器。URL 的表示可以是相对的，也可以是绝对的。绝对的 URL 将完整地给出协议种类、服务器的主机域名、路径和网页文件名，例如 http：// www. neau. cn/info/1194/60750. htm 表示东北农业大学网站的一个页面。其中，http 表示使用的是超文本传输协议，www. neau. cn 表示主机的域名，info 和 1194 则是网站中的目录，60750. htm 表示网页的文件名。

5. 网页浏览器

浏览器的作用是"翻译"HTML，并按照规定的格式显示出来，因此使用 IE 等浏览器可以直接访问网页。浏览器是浏览 Internet 资源的应用软件，通过它可以连接到不同的 Internet 服务器，显示各种多媒体网页，获取各种各样的有用信息。因此，浏览器是浏览者用于获取网络资源的重要工具。浏览器一般具有以下基本功能：

（1）获取 Internet 资源。

（2））保存访问记录。

（3）阅读超文本文件。

（4）具有字符格式化功能。

（5）发送或接收 E-mail。

（6）处理具有交互功能的表单（Form）。

（7）在本网站的设计中，需要打开浏览器对网页的设计效果进行测试。

6.2.3　实验内容

1. 使用记事本用 HTML 创建一个基本页面，保存为 .html 格式。

2. 将文章的各个段落分别设置为各级标题和正文。

6.2.4 实验步骤

1. 文本输入

将 6.1 节中的网站介绍以网页的形式进行编辑和存储，在网站文件夹中新建一个文本文件，输入如下代码：

```
<html >
<head>
<title>魅力哈尔滨</title>
</head>
<body>
<h1 >"魅力哈尔滨"</h1>
<p>哈尔滨（东经 125°42′—130°10′、北纬 44°04′—46°40′），黑龙江省省会，中国东北北部的政治、经济、文化中心。全市总面积约为 5.384 万平方千米，辖 9 个市辖区、7 个县，代管 2 个县级市，其中市辖区面积 10198 平方千米。2014 年户籍总人口 994 万人。<br />
哈尔滨地处东北亚中心地带，被誉为欧亚大陆桥的明珠，是第一条欧亚大陆桥和空中走廊的重要枢纽，也是中国著名的历史文化名城、热点旅游城市和国际冰雪文化名城，是国家战略定位的"沿边开发开放中心城市""东北亚区域中心城市"及"对俄合作中心城市"，有"冰城""天鹅项下的珍珠""丁香城"以及"东方莫斯科""东方小巴黎"之美称，还有"文化之都""音乐之都""冰城夏都"的美誉。<br />
"魅力哈尔滨"网站主要向广大游客介绍人气景区、著名美食、主要商圈和各大高校。<br />
</p>
<h2>一、人气景区</h2>
<p>人气景区版块主要向游客推荐冰雪大世界、防洪纪念塔、索菲亚教堂、中央大街等景点。<br /></p>
<h2>二、美食地图</h2>
<p>美食地图版块向游客介绍哈尔滨的俄式西餐、道外小吃等风味美食。<br /></p>
<h2>三、时尚商圈</h2>
<p>时尚商圈版块向游客介绍南岗松雷远大商业区、道里新一百、香坊乐松商业区。<br /></p>
<h2>四、箐箐校园</h2>
<p>箐箐校园版块向游客介绍东北农业大学、哈尔滨工业大学、哈尔滨理工大学等著名在哈高校。</p></body></html>
```

2. 保存文件

代码输入完成之后，将其保存为"介绍.html"。注意：文本文件的扩展名是".txt"，需要使用"控制面板"窗口里"外观和个性化"分类中的"文件夹选项"，取消选中"查看"选项卡中的"隐藏已知文件类型的扩展名"复选框，之后将文件的扩展名改为".html"即可。

3. 预览网页

完成后使用浏览器对网页进行浏览，如图 6-8 所示，可以看到网站的标签已经设置成功，页面中的第一行"魅力哈尔滨"字体最大，其级别为"h1"，即一级标题；"一、人气景区"字体较大，其为二级标题；其余正文字体较小，为段落。

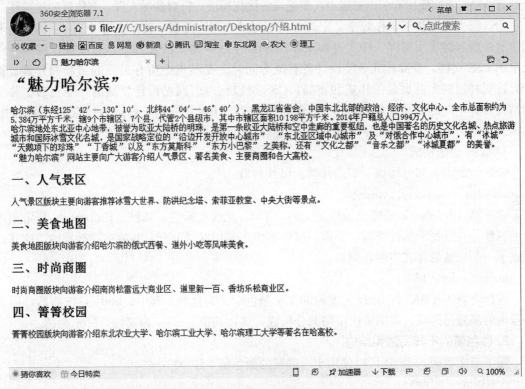

图 6-8　使用 HTML 语言创建的基本页面

6.3　应用层叠样式表设置网页格式

6.3.1　实验目的

1. 了解层叠样式表的基本语法。
2. 应用层叠样式表设置网页格式。

6.3.2　实验背景知识

HTML 标签原本被设计用于定义文档内容，通过使用<h1>、<p>、<table>这样的标签，表达"这是标题""这是段落""这是表格"之类的信息。同时文档布局由浏览器来完成，而不使用任何的格式化标签。但由于主流浏览器不断将新的 HTML 标签和属性（比如字体标签和颜色属性）添加到 HTML 规范中，创建文档内容清晰的、独立于文档表现层的站点变得越来越困难。为了解决这个问题，万维网联盟（W3C），这个非营利的标准化联盟，肩负起了 HTML 标准化的使命，并在 HTML 之外创造出样式（Style）。

层叠样式表（CSS）是一种用来表现 HTML（标准通用标记语言的一个应用）或 XML

（标准通用标记语言的一个子集）等文件样式的计算机语言。CSS 是能够真正做到网页表现与内容分离的一种样式设计语言。相对于传统 HTML 的表现而言，CSS 能够对网页中的对象的位置排版进行像素级的精确控制，支持几乎所有的字体、字号、样式，拥有对网页对象和模型样式编辑的能力，并能够进行初步交互设计，是目前基于文本展示最优秀的表现设计语言。CSS 能够根据不同使用者的理解能力，简化或者优化写法，针对各类人群，有较强的易读性。

CSS 极大地提高了工作效率，定义如何显示 HTML 元素，就像 HTML 的字体标签和颜色属性所起的作用那样。样式通常保存在外部的 .css 格式的文件中。通过仅仅编辑一个简单的 CSS 文档，外部样式表使设计者有能力同时改变站点中所有页面的布局和外观。由于允许同时控制多重页面的样式和布局，CSS 可以称得上网站设计领域的一个突破。作为网站开发者，应能够为每个 HTML 元素定义样式，并将之应用于希望的任意多的页面中。如需进行全局更新，只需简单地改变样式，然后网站中的所有元素均会自动更新。

1. CSS 语法构成

CSS 语法由三部分构成，即选择器、属性和值。

selector｛property：value｝

选择器（Selector）通常是希望定义的 HTML 元素或标签，属性（Property）是希望改变的属性，并且每个属性都有一个值。属性和值之间用冒号分开，并放在花括号内，这样就组成了一个完整的样式声明，例如：

body｛color：blue｝

这行代码的作用是将 body 元素内的文字颜色定义为蓝色。其中，body 是选择器，而花括号内的部分是声明。声明依次由两部分构成：属性和值，color 为属性，blue 为值。

2. 颜色值的不同写法和单位

除了英文单词 red，还可以使用十六进制的颜色值＃ff0000：

p｛color：＃ff0000;｝

为了节约字节，可以使用 CSS 的缩写形式：

p｛color：＃f00;｝

还可以通过两种方法使用 RGB 值：

p｛color：rgb（255，0，0);｝

p｛color：rgb（100％，0％，0％);｝

注意：当使用 RGB 百分比时，即使值为 0 也要加上百分比符号。在其他的情况下就不需要加了。比如，当尺寸为 0 像素时，0 之后不需要加单位 px，因为无论单位是什么，0 就是 0。

3. 设置背景色

CSS 允许应用纯色作为背景，也允许使用背景图像创建相当复杂的效果。CSS 在这方面的功能远远强于 HTML。在 CSS 中可以使用 background-color 属性为元素设置背景色。这个属性接受任何合法的颜色值。

这条规则把元素的背景设置为灰色：

p｛background-color：gray;｝

如果希望背景色从元素中的文本向外稍有延伸，只需增加一些内边距：

p｛background-color：gray；padding：20px;｝

可以为所有元素设置背景色，包括 body 一直到 em 和 a 等行内元素。

background-color 不能继承，其默认值是 transparent。transparent 有"透明"之意。也就是说，如果一个元素没有指定背景色，那么背景就是透明的，这样其祖先元素的背景才能可见。

4. 使用 CSS 定义文本的外观

通过文本属性，可以改变文本的颜色、字符间距，对齐文本，装饰文本，对文本进行缩进，等等。

把网页上段落的第一行缩进，这是一种最常用的文本格式化效果。CSS 提供了 text-indent 属性，该属性可以方便地实现文本缩进。

通过使用 text-indent 属性，所有元素的第一行都可以缩进一个给定的长度，甚至该长度可以是负值。这个属性最常见的用途是将段落的首行缩进，下面的规则会使所有段落的首行缩进 5em：

p｛text-indent：5em；｝

注意：一般来说，可以为所有块级元素应用 text-indent，但无法将该属性应用于行内元素，图像之类的替换元素也无法应用 text-indent 属性。不过，如果一个块级元素（比如段落）的首行有一个图像，它会随该行的其余文本移动。如果想把一个行内元素的第一行缩进，可以用左内边距或外边距达成这种效果。

5. CSS 语法的多重声明

如果要定义不止一个声明，需要用分号将每个声明分开。下面的例子展示如何定义一个红色文字的居中段落。最后一条规则是不需要加分号的，因为分号在英语中是一个分隔符号，不是结束符号。然而，大多数有经验的设计师会在每条声明的末尾都加上分号，这么做的好处是，当从现有的规则中增减声明时，会尽可能地降低出错的可能性。

p｛text-align：center；color：red；｝

应该在每行只描述一个属性，这样可以增强样式定义的可读性，例如：

p｛
text-align：center；
color：black；
font-family：arial；
｝

6. 选择器的分组

使用级联样式表可以对选择器进行分组，这样，被分组的选择器就可以分享相同的声明。用逗号将需要分组的选择器分开。在下面的例子中，对所有的标题元素进行了分组，所有的标题元素都是绿色的。

h1, h2, h3, h4, h5, h6｛
color：green；
｝

7. 用户的文字大小与弹性布局

如果用户的浏览器默认渲染的文字大小是"16px"，换句话说，页面中"body"的文字大小在用户浏览器下默认渲染是"16px"。当然，如果用户愿意也可以改变这种字体大小的设置，可以通过 UI 控件来改变浏览器默认的字体大小。

弹性设计有一个关键地方，页面中所有元素都使用"em"作为单位。"em"是一个相对的大小，可以这样来设置 1em、0.5em、1.5em 等，而且"em"还可以指定到小数点后 3 位，如 1.365em。

"相对"的意思是，相对的计算必然会有一个参考物，那么这里相对所指的是相对于元素父元素的 font-size。比如，如果在一个<div>标记中设置字体大小为"16px"，此时这个<div>的后代元素将继承它的字体大小，除非重新在其后代元素中进行过显示的设置。此时，如果将其子元素的字体大小设置为 0.75em，那么其字体大小计算出来后就相当于 $0.75 \times 16px = 12px$。

8. 插入样式表的三种方法

当读到一个样式表时，浏览器会根据它来格式化 HTML 文档。插入样式表的方法有三种：

（1）外部样式表。当样式需要应用于多个页面时，外部样式表将是理想的选择。在使用外部样式表的情况下，可以通过改变一个文件来改变整个站点的外观。每个 HTML 页面使用<link>标签链接到样式表。<link>标签放在文档的头部：

<head><linkrel="stylesheet" type="text/css" href="mystyle.css"/></head>

浏览器会从文件 mystyle.css 中读到样式声明，并根据它来格式化文档。外部样式表可以在任何文本编辑器中进行编辑。文件不能包含任何 HTML 标签。样式表应以 .css 扩展名进行保存。下面是一个样式表文件的例子：

hr {color：red；}

p {margin-left：20px；}

body {background-image：url（"images/back40.gif"）；}

（2）内部样式表。当单个文档需要特殊的样式时，就应该使用内部样式表。可以使用<style>标签在文档头部定义内部样式表，如：

<head><styletype="text/css">

hr {color：red；}

p {margin-left：20px；}

body {background-image：url（"images/back40.gif"）；}

</style></head>

（3）内联样式。由于要将表现和内容混杂在一起，内联样式会损失掉样式表的许多优势。因此这种方法应慎用，例如当样式仅需要在一个元素上应用一次时。

要使用内联样式，需要在相关的标签内使用样式（style）属性。style 属性可以包含任何 CSS 属性。下面的代码展示如何改变段落的颜色和左外边距：

<pstyle="color：sienna；margin-left：20px">

This is a paragraph

</p>

6.3.3　实验内容

本网站使用 CSS 将"魅力哈尔滨"一级标题文字进行如下设置：字体为楷体 _GB2312，字体大小为 30 像素，增加斜体效果和下画线，设置行间距（行高）为默认，设置这段文字的背景色为"♯CF6"。

6.3.4　实验步骤

1. 使用 Dreamweaver 创建 CSS

使用 Dreamweaver 打开"介绍 . html"，选中"魅力哈尔滨"一级标题文字，单击"属性"面板中的"编辑规则"按钮，打开如图 6-9 所示的对话框，输入选择器的名字"new"，表示网站创建了一个新的 CSS 内部规则，最后单击"确定"按钮。

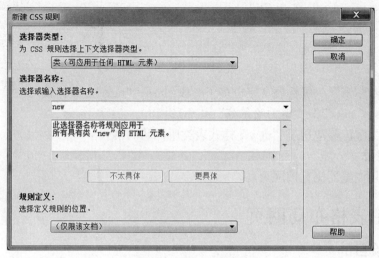

图 6-9　创建 CSS 样式

2. 修改 CSS 规则

在弹出的". new 的 CSS 规则定义"对话框中，选择"类型"选项，进行如图 6-10 所示的设置，之后选择"背景"项，设置 Background-color 为"♯CF6"即可。

图 6-10　使用 CSS 样式设置背景色

完成设置后单击编辑区上方的"代码"按钮，可以查看到"head"块中出现了一组 CSS 代码：

```
<style type="text/css">
<! --
```

```
.new {
        font-family："楷体 _ GB2312"；
        font-size：30px；
        font-style：italic；
        line-height：normal；
        text-decoration：underline；
        background-color：♯CF6；
}
——＞
</style＞
```

而"魅力哈尔滨"一级标题文字也多了一段 class＝"new"，具体代码：

＜h1 class＝"new" ＞"魅力哈尔滨"＜/h1＞

说明这段文字已经应用了"new"样式表类所标明的格式。

3. 预览网页

完成后使用浏览器浏览该网页。

6.4　使用表格布局网页

6.4.1　实验目的

1. 了解网站布局的基础知识。
2. 掌握在网页中创建表格的方法。
3. 掌握以表格布局网页的方法。

6.4.2　实验背景知识

1. 网站布局的基本概念

首页也就是网站的主页。可以将网页看作一张报纸或一本杂志来进行排版布局。所谓布局，就是以最适合浏览的方式将图片和文字排放在页面的不同位置。在这一阶段需要确认的元素包括页面尺寸、整体造型、页头的位置、文本的位置、图片的位置和视频的位置。

2. 网站布局设计步骤

（1）草案设计。新建的页面就像一张白纸，没有任何表格、框架和约定俗成的东西，可以尽可能地发挥想象力，将想到的"景象"画上去。

（2）初步布局。在草案的基础上，将确定需要放置的功能模块安排到页面上。通常首页设计的内容主要包含网站标志、主菜单、新闻、搜索、友情链接、广告条、邮件列表、计数器、版权信息等。在初步布局时，必须遵循突出重点、平衡协调的原则，将网站标志、主菜单等重要的模块放在最显眼、最突出的位置，然后再考虑次要模块的排放。

（3）定稿。在初步布局的基础上，对页面进行具体化、精细化。

3. 网页布局常用类型

（1）国字形结构。此布局也称同字形，指的是最上面是网站的标题以及横幅广告条，接下来就是网站的主要内容，左右分列小标题，中间是主要部分，与左右一起罗列到底，最下面是网站的一些基本信息、联系方式、版权声明等。

这种结构是常见的一种结构类型，如图 6-11 所示。

图 6-11　国字形结构

（2）T 形结构布局。T 形结构布局指的是页面顶部为横条网站标志＋广告条，下方左面为主菜单，右面显示内容的布局，因为菜单条背景较深，整体效果类似英文字母"T"，如图 6-12 所示。

图 6-12　T 形结构布局

（3）口字形结构布局指的是页面一般上下各有一个广告条，左面是主菜单，右面放友情链接等，中间是主要内容。典型口字形结构布局如图 6-13 所示。这种布局的优点是充分利用版面，信息量大；缺点是页面拥挤，不够灵活。

图 6-13　口字形结构布局

4. 网站首页风格

网站的风格应建立在网站内容之上，这是最基本的。网站首页是企业的网上门面，在设计自己门面时不能敷衍了事、马马虎虎。网站的页面就是无纸的印刷品，精良和专业的网站设计，如同制作精美的印刷品。一般来说，网站首页的形式不外乎两种：

（1）纯粹的形象展示型。这种类型文字信息较少，图像信息较多，通过艺术造型和设计布局，利用一系列与公司形象、产品、服务有关的图像、文字等信息，组成一幅生动的画面，向浏览者展示一种形象、一个氛围，从而吸引浏览者浏览。

（2）信息罗列型，这种类型一般是大、中型企业网站和门户网站常用的方式，即在首页中就罗列出网站的主要内容分类、重点信息、网站导航、公司信息等。这种风格比较适合网站信息量大、内容丰富的网站。

6.4.3　实验内容

表格是网页布局的常用工具，在网页中不仅可以用来排列数据，还可以对网页中的图像、文本等对象进行准确定位，使得网页既丰富多彩，又条理清晰、整齐有序。表格由若干行与列组成，行列交叉组成表格的单元格。表格的单元格内部可以插入各种对象，包括文本、数字、超链接和图像。本网站使用表格布局网站的主页。

6.4.4　实验步骤

1. 新建空白页面，选择"修改"→"页面属性"命令，在打开的在"页面属性"对话框中设置"标题/编码"选项，设置标题为"魅力哈尔滨"。然后选择"设计"视图，选择"插入"→"表格"命令，插入一个 5 行 4 列的表格，宽度为 1200 像素，边框粗细、单元格边距、单元格间距都设为 0，如图 6-14 所示。

图 6-14　插入表格

2. 将第 1 行 4 个单元格合并，在其中输入文本"魅力哈尔滨"；第 2 行前 2 个单元格合并为 1 个，在其中输入文本"人气景区"，后 2 个单元格合并为 1 个，在其中输入文本"美食地图"；第 4 行前 2 个单元格合并为 1 个，在其中输入文本"时尚商圈"，后 2 个单元格合并为 1 个，在其中输入文本"箐箐校园"。

3. 将光标定位到表格第一行，使用"Ctrl＋A"快捷键，设置第一行的高度（"属性"面板中的"高"选项）为 120，然后单击"属性"面板中的"编辑规则"按钮，为单元格创建 CSS 样式 tablebackground，在弹出的 CSS 规则定义窗口中设置"背景"选项中的 Background-image 值为"背景 . jpg"。

4. 对"魅力哈尔滨"5 个汉字分别设置 CSS 样式，为"魅"字创建 CSS 样式 font1，设置字体为隶书，大小为 120，字体颜色值为 f42。其余文字字体和大小与"魅"字相同，仅颜色和 CSS 样式类名不同：为"力"字创建 CSS 样式 font2，字体颜色值为 03f；为"哈"字创建 CSS 样式 font3，字体颜色值为 ff0；为"尔"字创建 CSS 样式 font4，字体颜色值为 6f0；为"滨"字创建 CSS 样式 font5，字体颜色值为 727。最后设置"魅力哈尔滨"文本在单元格内水平居中对齐。

5. 单击"属性"面板中的"HTML"按钮，选择"格式"，将"人气景区""美食地图""时尚商圈"和"箐箐校园"4 组文本设置为二级标题，然后修改页面属性，将"标题（CSS）"中的"标题 2"设置为 26 像素，颜色值为"006"。

6. 设置第 3 行和第 5 行的高度为 271，第 3 行和第 5 行的第 1 列宽度为 175，第 2 列宽度为 440，第 3 列宽度为 145，第 4 列宽度为 440；分别向第 3 行和第 5 行的第 1 列、第 3 列输入文本"冰雪大世界""俄式西餐""南岗松雷远大商业区""东北农业大学";分别向第 3 行和第 5 行的第 2 列、第 4 列插入图像"索菲亚.jpg""俄式西餐.jpg""松雷商城.jpg" "校园风光.jpg",并将 4 幅图像的宽度设置为 440,高度设置为 271。

7. 以上操作完成后,按 F12 键在浏览器中预览网页,如图 6-15 所示。

人气景区

美食地图

冰雪大世界
防洪纪念塔
索菲亚教堂
中央大街

俄式西餐
道外小吃

时尚商圈

箐箐校园

南岗松雷远大商业区
道里新一百
香坊乐松商业区

东北农业大学
哈尔滨工业大学
哈尔滨理工大学

图 6-15　使用表格布局的网站页面

6.5　应用框架结构创建网页

6.5.1　实验目的

1. 了解框架结构的基础知识。
2. 掌握使用框架结构创建网页。

6.5.2　实验背景知识

在网页设计中,框架是网页布局的一种方式。框架用于将一个浏览器窗口划分为多个区域,每个区域都可以显示不同 HTML 的文件。框架布局最常见的用途就是导航。一组框架通常至少包含一个含有导航条的框架和另一个要显示主要内容页面的框架。

6.5.3　实验内容

在本网站中,创建一个左右结构的框架,用于显示各个景点的详细情况。

6.5.4　实验步骤

1. 使用 Dreamweaver 创建 4 个简单网页，每个网页仅包含一个景点的图片和一小段介绍文字，如图 6-16 所示。4 个简单网页分别介绍索菲亚教堂、冰雪大世界、中央大街、防洪纪念塔景点，分别将其命名为 page1、page2、page3 和 page4，保存在网站根目录中。

图 6-16　景点介绍页面

2. 使用 Dreamweaver 新建一个空白页面，选择"修改"→"框架集"→"拆分左框架"命令，在左框架中依次输入"索菲亚教堂""冰雪大世界""中央大街""防洪纪念塔"。然后选择"文件"→"保存全部"命令，将页面保存为 frameset.html、frame1.html 和 frame2.html。

3. 选择"窗口"→"框架"命令，使"框架"面板处于可见状态，如图 6-17 所示；分别选中左右框架，在"属性"面板中将其分别命名为"left"和"main"，并选择边框为"否"，如图 6-18 所示。选择"修改"→"框架集"→"编辑无框架内容"命令，设置其"页面属性"中的"标题"为"框架结构"。

图 6-17　创建的框架　　　　　　　　　图 6-18　框架的"属性"面板

注意：部分版本的 Dreamweaver 设置框架的代码需自行添加，需要在＜head＞部分加入代码：＜iframe id="main" name="main" width="600" height="600"＞＜/iframe＞，其中"main"为框架名称。

4. 分别选择左方框架中的 4 行文字"索菲亚教堂""冰雪大世界""中央大街""防洪纪

念塔",按照下方代码对其进行修改,分别设置其链接为"page1.html""page2.html""page3.html""page4.html",并将打开的目标指向右方框架"main"。

设置链接代码:

<p><a href="page1.html" target="main">索菲亚教堂</a></p>

<p><a href="page2.html" target="main">冰雪大世界</a></p>

<p><a href="page3.html" target="main">中央大街</a></p>

<p><a href="page4.html" target="main">防洪纪念塔</a></p>

5. 保存并预览网页,单击链接后将在右侧框架中打开,如图 6-19 所示。

图 6-19　框架结构的网站页面

思考题

一、选择题

1. 通常网页的首页被称为(　　)。

A. 主页　　　　　　B. 网页　　　　　　C. 页面　　　　　　D. 网址

2. 网页的基本语言是(　　)。

A. JavaScript　　　　B. VBScript　　　　C. HTML　　　　　D. XML

3. 下列属于静态网页的是(　　)。

A. index.htm　　　　B. index.jsp　　　　C. index.asp　　　　D. index.php

4. 属于网页制作平台的是(　　)。

A. Photoshop　　　　B. Flash　　　　　　C. Dreamweaver　　D. cuteFTP

5. 以下说法中,错误的是(　　)。

A. 网页的本质就是 HTML 源代码

B. 网页就是主页

C. 使用"记事本"编辑网页时，应将其保存为 .htm 或 .html 后缀

D. 本地网站通常就是一个完整的文件夹

6. 下列（　　）软件不能编辑 HTML 代码。

A. 记事本　　　　　　B. FrontPage　　　　C. Dreamweaver　　　D. C 语言

7. ＜title＞＜/title＞标记必须包含在（　　）标记中。

A. ＜body＞＜/body＞　　　　　　　B. ＜table＞＜/table＞

C. ＜head＞＜/head＞　　　　　　　D. ＜p＞＜/p＞

8. 以下哪项标记在网页文件中必不可少？（　　）

A. ＜p＞　　　　　　　　　　　　　B. ＜table＞＜/table＞

C. ＜br＞　　　　　　　　　　　　　D. ＜html＞

9. 关于 HTML 文件说法正确的是（　　）。

A. HTML 标签都必须配对使用

B. 在＜title＞＜/title＞标签之间的是头信息

C. HTML 标签是大小写无关的

D. ＜p＞＜/p＞标签用于字体倾斜效果

10. 下列（　　）是换行符标记。

A. ＜p＞　　　　　　　　　　　　　B. ＜table＞＜/table＞

C. ＜br＞　　　　　　　　　　　　　D. ＜html＞

二、简答题

1. 网站建设一般应包括哪些步骤？

2. 简述创建网站和设计网页的注意事项。

3. CSS 样式与 HTML 样式有何不同？

第 7 章 网站综合设计实践

7.1 Photoshop CS4 绘图基本操作实例

7.1.1 实验目的

1. 掌握形状工具的操作技巧及相关参数设置。
2. 熟练掌握钢笔工具的使用及曲线调整方法。
3. 增强绘图工具的综合运用能力。

7.1.2 实验背景知识

Photoshop 是 Adobe 公司开发的一个跨平台的平面图像处理软件。Photoshop 的专长用于图像处理，而不是图形创作。图像处理是对已有的位图图像进行加工处理以及应用一些特殊效果，其重点在于对图像的处理加工。

1. 创建选区基本操作

（1）单击规则选区工具中的 ⊡ 或 ⊙ 按钮，将鼠标在新建文件上停留，当光标变成"＋"形状时，按下鼠标左键向右下角拖动画出选区，松开鼠标，会出现一个闪动的虚线边框的矩形或者椭圆形选区。

（2）如果想画出正方形或者圆形选区，按住 Shift 键，按下鼠标左键向右下角拖动画出选区，松开鼠标，即可画出正方形或者圆形选区。

（3）如果按住 Alt 键，再拖动鼠标，则表示从中心开始画出矩形或者椭圆形选区。

（4）如果按住 Shift＋Alt 组合键，再拖动鼠标，则表示从中心开始画出正方形或者圆形选区。

2. 属性栏

（1）当图像中已经存在矩形或者椭圆形选区时，单击属性栏上的 ⬚ 按钮或者按住 Shift 键，当鼠标光标变成 ＋ 时，表示新选区添加到原有的选区中，如果与原有的矩形或者椭圆形选区有重叠，非重叠区将追加到原有的选区中。

（2）当图像中已经存在矩形或者椭圆形选区，单击属性栏上的 ⬚ 按钮或者按住 Alt 键，当鼠标光标变成 ＋ 时，表示从原有的选区中减去新选区，如果与原有的矩形或者椭圆形选区有重叠，将从原有的选区中减去重叠区。

3. 路径和路径面板

路径是 Photoshop 中唯一的矢量对象，不可打印。在矢量图形中，任意两个定位点（锚点或节点）之间的连线，称为路径，它由多个节点组成，是直线或曲线，分为开放和闭合路径。

（1）钢笔工具。使用钢笔工具绘制所需形状时，单击鼠标可得到直线型点，按此方法不断单击可以创建一条完全由直线型节点构成的直线型路径，如果单击节点后拖动鼠标，则在节点的两侧会出现控制句柄，该节点也将变为圆滑型节点，按此方法可以创建曲线型路径。按 Ctrl 键临时切换到直接选择工具，按 Alt 键临时切换到转换点工具，按 Ctrl 键或 Enter 键，生成开放路径。使用自由钢笔工具时，按 Alt 键同时不断单击，构成直线型路径，拖动鼠标则会以手绘形式绘制路径。

使用路径组选择工具和直接选择工具：按 Shift 键加或减选节点，按 Ctrl＋Shift 组合键选中路径所有节点，按 Alt 键复制路径，删除节点或线段用 Delete 或 Backspace 键。

使用直接选择工具时，按 Ctrl＋Alt 组合键将鼠标移到节点上将转换为转换点工具。

（2）创建形状图层。使用形状工具或钢笔工具创建形状图层，形状图层是带图层剪贴路径的填充图层；填充图层定义形状的颜色，而图层剪贴路径定义形状的几何轮廓。

（3）创建工作路径。

作用：将路径转换为选区，选择图像中的像素；路径用作图层剪贴路径以隐藏图层区域。工作路径是一个临时路径，不是图像的一部分。

①路径的描边和填充：按 Alt 键单击"描边/填充"按钮，弹出对话框即可。

②路径与选区的相互转换方法：

路径转换为选区：使用命令、按钮，或按 Ctrl 键单击"路径"调板中的路径缩略图。

选区转换为路径：使用命令、按钮，或按 Alt 键单击"建立工作路径"按钮。

7.1.3　实验内容

1. 绘制机器猫。
2. 绘制布纹图案。
3. 绘制鲜花朵朵。
4. 制作图片卷边效果。

7.1.4　实验步骤

1. 绘制机器猫

（1）选择"文件"→"新建"命令，新建 300 像素×300 像素大小的画布，颜色模式设为 RGB，背景设为白色。单击"图层"调板下方的"创建新图层"按钮，右击新图层，选择"图层属性"命令，在"名称"文本框中输入"头"，单击"确定"按钮。

（2）选择椭圆工具，属性设置为"路径"，按住 Shift 键画一个正圆，利用"设置前景色"按钮，在拾色器中将前景色设为黑色（♯000000）。右击正圆，选择"描边路径"命令，在弹出的对话框的下拉列表中选择"铅笔"；右击正圆，选择"填充路径"，在弹出的对话框中选择"使用"下拉列表中的"颜色"，设为蓝色（♯00bde3），单击"确定"按钮。

（3）新建"脸"图层，画椭圆路径，按 Ctrl＋T 组合键自由变换后移动到合适的位置。用白色填充路径，黑色描边路径。方法同步骤（2）。如图 7-1 所示。

（4）新建"眼睛"图层，用与步骤（2）同样的

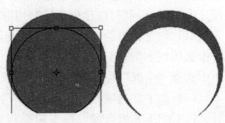

图 7-1　机器猫的脸

方法画出左眼。将"眼睛"图层拖到"新建图层"图标上复制一个图层。利用移动工具拖动复制好的眼睛到右眼的位置，选择"编辑"→"变换路径"→"水平翻转"命令，完成右眼绘制。

（5）新建"鼻子"图层，画红色鼻子，利用直线工具在鼻子下面画一条垂直的黑色直线，在直线两侧画胡子，方法同上。

（6）新建图层，用钢笔工具画嘴巴，方法如下：画好三角形路径后，选择添加锚点工具，在左侧增加锚点，并调节锚点位置，改变线的弯曲程度。用同样方法处理右侧，直到满意为止。如图 7-2 所示。

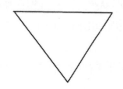  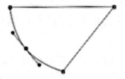 

图 7-2 利用钢笔工具绘制嘴巴

选择路径选择工具，右击嘴巴，选择"建立选区"命令，用油漆桶工具填充红色，按 Ctrl＋D 组合键取消选区。

（7）新建图层，用上述方法画铃铛带，填充红色。新建图层，利用椭圆工具和矩形工具画铃铛，填充黄色。

（8）在最底层新建图层，用钢笔工具勾身子的轮廓。选择路径选择工具，右击身体，选择"建立选区"命令，用油漆桶工具填充蓝色（♯00bde3），双击图层，在弹出的对话框中选择"描边"复选框，设置填充色为黑色，描边大小为 1 像素。

（9）用同样的方法画出白色的肚子、手、脚和百宝袋。效果如图 7-3 所示。

（10）选择"文件"→"存储"命令，保存文件。

图 7-3 机器猫效果

2. 制作布纹图案

（1）选择"文件"→"打开"命令，打开素材文件，如图 7-4（a）所示。

（2）单击"图层"面板下方的"创建新图层"按钮，生成新的图层并将其命名为"白色矩形"。将前景色设为白色。选择矩形工具，选中"属性"栏中的"填充像素"按钮，按住 Shift 键的同时拖曳鼠标绘制图形，如图 7-4（b）所示。

（3）单击"图层"面板下方的"创建新图层"按钮，生成新的图层并将其命名为"粉红色方框"。将前景色设为粉红色（其 R、G、B 的值分别为 255、220、250）。选择矩形工具，按住 Shift 键的同时拖曳鼠标绘制矩形，如图 7-4（c）所示。

（4）创建新图层"图层 1"。将前景色设为粉色（255，134，212）。选择自定形状工具，单击选项栏中的"形状"选项，弹出"形状"面板，单击右上方的三角形按钮，在弹出的菜单中选择"全部"命令，单击"追加"按钮。在"形状"面板中选中"爪印（猫）"图形。

（5）选中在选项栏中的"路径"按钮，拖曳鼠标绘制多个爪印路径。选择直接选择工具，按 Ctrl＋T 组合键，拖曳鼠标将路径旋转至适当的位置，按 Enter 键，确定操作。按 Ctrl＋Enter 组合键，将路径转换为选区，按 Alt＋Delete 组合键，用前景色填充选区，取消选区，效果如图 7-4（d）所示。

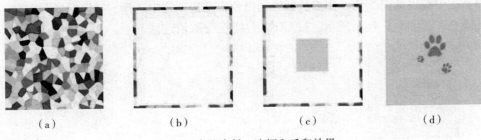

（a） （b） （c） （d）

图 7-4 布纹素材、边框和爪印效果

（6）选择矩形选框工具，按住 Shift 键的同时，绘制选区，如图 7-5（a）所示。按住 Alt 键的同时，单击"图层 1"左边的眼睛图标，隐藏"图层 1"以外的所有图层。

选择"编辑"→"定义图案"命令，弹出对话框，进行设置，如图 7-5（b）所示，单击"确定"按钮。按 Delete 键，删除选区中的内容。按 Ctrl＋D 组合键取消选区。将"图层 1"图层删除。

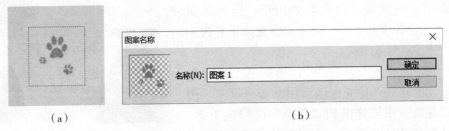

（a） （b）

图 7-5 图案选区和定义图案

（7）创建新图层"图案填充 1"，选择矩形选框工具，依照粉红色方框的大小和位置绘制一个矩形选区，选择油漆桶工具，在选项栏中选择"图案"，从"图案"面板中选择定义的爪印图案，填充矩形选区，如图 7-6（a）所示。用前述同样的方法，制作如图 7-6（b）所示的效果。

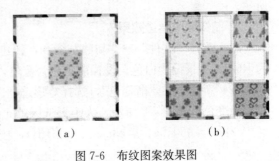

（a） （b）

图 7-6 布纹图案效果图

（8）选择"文件"→"存储"命令，保存源文件；或选择"文件"→"存储为"命令，将文件保存为其他图片格式。

3. 绘制鲜花朵朵

（1）选择"文件"→"新建"命令，新建 200 像素×200 像素大小的画布，颜色模式设为 RGB，背景设为白色。

（2）创建新建图层"花朵"，选择多边形工具，在选项栏中单击"路径"按钮，设置其边数为 5，单击选项栏中的小三角按钮，进行如图 7-7（a）所示的设置。在画布中央绘制一个五角形路径，如图 7-7（b）所示。在"钢笔工具"的子菜单中选择"添加锚点工具"，在五角形路径的 5 条边上各添加一个锚点。选择直接选择工具，调整五角形各个锚点的位置，形成如图 7-7（c）所示的形状。右击路径，选择"建立选区"命令。

（3）设置喜欢的前景色，选择渐变工具，单击"点按可编辑渐变"按钮，在"渐变编辑器"对话框中编辑渐变颜色，例如从紫色到白色，在选项栏中选择"径向渐变"方式，对选区进行填充，如图 7-7（d）所示。按 Ctrl＋D 组合键取消选区。

 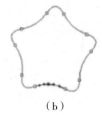  

（a） （b） （c） （d）

图 7-7　花朵路径设置及绘制过程

（4）选择画笔工具，将画笔选项设为"尖角 1 像素"，颜色设为紫色，在每个花瓣的中部根据花瓣的伸展方向描出一条细的曲线。

（5）右击"花朵"图层，选择"复制图层"命令，按 Ctrl＋T 组合键对花朵进行自由变换，调整花朵的大小和形状，再复制几个花朵图层，得到一簇花朵的效果。隐藏背景图层，选择菜单"选择"→"合并可见图层"命令，将花朵合并为一个图层，并显示背景图层。

（6）创建新建图层"花瓶"，用钢笔工具绘制出花瓶形状的路径，建立选区后用渐变色填充。用鼠标将"花瓶"图层拖曳到"花朵"图层的下面。调整花朵和花瓶的位置和大小，最终效果如图 7-8 所示。

图 7-8　花瓶和花朵效果

4. 制作图片卷边效果

（1）选择"文件"→"新建"命令，新建 400 像素×500 像素大小的画布，颜色模式设为 RGB，背景设为白色。设置前景色为蓝色，利用油漆桶工具填充背景。

（2）新建图层"渐变色"，选择矩形选框工具，在画布上画一矩形选区，利用渐变工具设置渐变色，如图 7-9 所示，为矩形选区填充渐变色（从左至右依次为＃ff0000、＃960404、＃ff0000、＃960404、＃b3aeae、＃ffffff），按 Ctrl＋D 组合键取消选区。

图 7-9　渐变色设置

（3）选择直排文字工具，在矩形内输入文字"实验教程"，同时选中"渐变色"图层和文字图层，点击右键，选择"合并图层"命令。

（4）选择"编辑"→"自由变换"命令，并在属性面板上单击"变形模式"按钮，用鼠标拖曳右上角，形成卷边的效果，如图 7-10 所示，按 Enter 键确认。

图 7-10　图片卷边效果

7.2　Photoshop CS4 选区操作实例

7.2.1　实验目的

1. 掌握钢笔工具抠图技巧，灵活运用矩形选框工具、椭圆选框工具制作选区进行移动、填充、删除、变换等技巧操作。

2. 掌握套索工具、多边形套索工具、磁性套索工具、魔棒工具的使用方法和技巧。

7.2.2　实验背景知识

1. 选区操作

（1）取消选区。使用规则选区工具在选区以外的区域单击，选区便取消；选择菜单"选择"→"取消选择"命令或者使用右键快捷菜单"取消选择"取消选区；使用 Ctrl＋D 组合键，取消选区。

（2）填充选区。选择菜单"编辑"→"填充"命令，打开填充对话框，填充前景色、背景色为颜色或图案等。使用快捷键 Alt＋Delete 组合键填充前景色，或者使用快捷键 Ctrl＋Delete 组合键填充背景色。

（3）描边选区。选择菜单"编辑"→"描边"命令，打开描边对话框，选择描边的像素大小、颜色等。

（4）移动选区。如果只移动选区的位置，不改变图像中的像素，选择工具箱中任一个选区工具，把鼠标光标移至选区内，光标变为 ，按住鼠标左键拖动即可移动选区。

（5）删除选区。选中需要删除的选区，按 Delete 键删除。

2. 套索工具

套索工具用于手动控制选择不规则图形。选择套索工具 ，拖动鼠标，如果选取的曲线终点与起点未重合，则 Photoshop 会自动将其封闭成完整的曲线。

多边形套索工具用于选取多边形，两落点之间为直线。选择多边形套索工具 ，将鼠标移到图像处单击下一落点来确定每一条直线。当回到起点时，所示光标下会出现一个小圆圈，表示选择区域已封闭，再单击鼠标即完成选取操作，或双击鼠标左键来封闭区域。

磁性套索工具是一种具有可识别边缘的套索工具。选择磁性套索工具 ，这是一种具有"智能"识别边缘的套索工具。将鼠标移到图像上，单击鼠标选取起点，然后沿图像中的物体边缘移动鼠标。无须按住鼠标，Photoshop 会自动选取图像边界。当回到起点时，光标右下角会出现一个小圆圈，表示选择区域已封闭，再次单击鼠标即完成选取操作。

属性设置：

• 套索宽度：输入 1～40 的一个像素值。磁性套索工具只探测从指针开始指定距离以内的边缘。

• 频率：输入 1～100 的一个像素值，值越大结点越多。

• 边对比度：输入 1%～100% 的一个值，值越大反差越大，选取的范围越精确。使用较小的宽度值、较高的边对比度可得到最精确的边框；使用较大的宽度值、较小的边对比度可得到粗略的路径。

3. 魔棒工具

魔棒工具是以图像中相近的色素来建立选取范围的，可以用来选择颜色相同或相近的整片色块所在的区域。

操作方法：选择魔棒工具 ，在选择时先考虑选择白色背景，因为白色背景颜色单一，选中白色背景后，选择菜单"选择"→"反选"命令，或使用鼠标右键选择"反选"命令。

属性设置：

· 容差：即颜色的范围，数值越小，选取的颜色范围越接近；数值越大，选取的颜色范围越大。选项中可输入 0～255 范围的数值，系统默认为 32。

· 连续的：如果不选此项，则得到的选区是整个图层中色彩符合条件的所有区域，这些区域并不一定是连续的；反之，选取的是连续的区域。

· 用于所有图层：如果被选中，则色彩选取范围可跨所有可见图层，否则魔棒只在当前图层起作用。

7.2.3 实验内容

1. 移花接木。
2. 制作书中女孩。
3. 制作台历。

7.2.4 实验步骤

1. 移花接木

（1）选择"文件"→"新建"命令，命名为"移花接木"，"预设"项选择"默认 Photoshop 大小"，RGB 颜色模式，背景为白色。

（2）选择"文件"→"置入"命令，选择"苹果.jpg"素材置入，调整大小，按 Enter 键确定。右击"苹果"图层，选择"栅格化图层"命令，将图片转化为位图。

（3）选择"文件"→"打开"命令，打开"橘子.jpg"素材图片，选择钢笔工具，在选项板上选择"路径"模式，将橘子从图片中抠出，如图 7-11 所示。按 Ctrl＋Enter 组合键转化为选区。按 Ctrl＋C 组合键复制，点击切换到"移花接木"文件。

（4）利用钢笔工具在苹果上作出需要替换的选区，注意不要将苹果皮放入选区，如图 7-12 所示。

（5）选择"编辑"→"贴入"命令，按 Ctrl＋T 组合键进行自由变换，通过旋转将橘子竖起来，调整橘子的位置，将橘子贴入苹果选区，效果如图 7-13 所示。

图 7-11　抠出橘子　　　　图 7-12　苹果选区　　　　图 7-13　橘子贴入苹果选区

（6）同样作出苹果上的另一个选区，将橘子贴入。也可以将
橘络（橘皮内白色部分）贴入苹果皮内侧。最终效果如图 7-14
所示。

図 7-14　移花接木效果

2. 制作书中女孩

（1）选择"文件"→"打开"命令，打开"素材 1.jpg"即
书图片。

（2）利用磁性套索工具沿着书的边缘进行框选，选择"选
择"→"载入选区"命令，选区名称为"a"，单击"确定"按钮
后，选区即被存入通道，如图 7-15 所示。

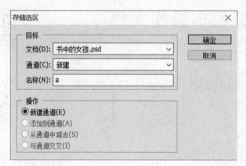

図 7-15　存储选区到通道

（3）返回"图层"面板，打开"素材 2.jpg"即女孩图片。将素材 2 拖入素材 1 中，按
Ctrl＋T 组合键调整素材 2 的大小和位置。

（4）单击"通道"面板，按 Ctrl 键，同时单击存入通道的选区 a，来提取选区。返回
"图层"面板，选择"选择"→"反向"命令，按 Delete 键删除多余的部分，按 Delete＋D
组合键取消选区。最终效果如图 7-16 所示。

3. 制作台历

（1）选择"文件"→"新建"命令，新建 500 像素×300 像素大小的画布，颜色模式设
为 RGB，背景设为白色。

（2）创建新图层"图层 1"，选择"视图"→"标尺"命令，利用鼠标从垂直标尺处拖
曳出四条垂直参考线，利用矩形选框工具选出一个选区，填充蓝色，选择"编辑"→"变
换"→"扭曲"命令，将矩形变换为平行四边形。

（3）创建新图层，利用钢笔工具在四边形右侧勾出一个三角，填充绿色。再新建图层，
在三角内勾出一个小三角，填充灰色，作为阴影。

（4）选择"图层 1"，选择"选择"→"载入选区"命令，参数选择默认，单击"确定"
按钮。单击"创建新图层"按钮，选择"选择"→"修改"→"收缩"，收缩量设为 40 像
素。填充白色，按 Ctrl＋T 组合键进行自由变换，并调整位置。

（5）双击"图层 1"，为图层添加"投影"样式。

（6）在最上一层新建图层，用钢笔工具勾出花边，转换为选区后填充橙色。

（7）在台历左侧插入图片素材，右侧插入日期表素材。

（8）制作圆孔和旋转铁环。台历最终效果如图 7-17 所示。

图 7-16　书中的女孩效果

图 7-17　台历最终效果

7.3　Photoshop CS4 图层基本操作实例

7.3.1　实验目的

1. 学习"图层"面板及其菜单的使用方法。

2. 灵活运用图层基本操作技巧。

3. 掌握图层样式的各种参数设置。

7.3.2　实验背景

Photoshop 中的层能够覆盖在背景图像上面。在某一层中的对象能独立于另一层的对象而移动，这就为组合图像并预览效果提供了一种极为有效的方法。

1. 图层样式

执行菜单"图层"→"图层样式"命令或单击"图层"面板上的"添加图层样式"按钮 ，从下拉菜单中选择相应的命令，可以打开图层样式对话框，为图层添加许多效果，如投影、外发光、斜面和浮雕、光泽、颜色叠加、渐变叠加、图案叠加和描边。

2. 图层混合模式

所谓图层混合模式，就是指一个图层与其下方图层的色彩叠加方式。

（1）正常模式。这是绘图与合成的基本模式，也是一个图层的标准模式，上层完全覆盖下层，不和下层发生任何混合。

（2）溶解模式。溶解模式产生的效果来源于上下两层的混合颜色的色彩叠加，与像素的不透明度有关。

（3）正片叠底模式。形成一种较暗的效果。

（4）叠加模式。该模式加强当前图层的亮度与阴影区域，使当前图层产生变亮和变暗的效果。

（5）颜色模式。取决于上层颜色的色相与饱和度和下层颜色的亮度。这种模式能用来为黑白或者不饱和的图像上色。

7.3.3　实验内容

1. 制作玉石手镯。

2. 制作"春"字贺卡。

7.3.4　实验步骤

1. 制作玉石手镯

（1）选择"文件"→"新建"命令，新建 500 像素×500 像素大小的画布，颜色模式设为 RGB，背景设为白色。

（2）单击"图层"面板中的"创建新图层"按钮，得到图层 1，按 D 键设置前景色和背景色为默认的黑白色。选择"滤镜"→"渲染"→"云彩"命令。

选择"选择"→"色彩范围"，在弹出的"色彩范围"对话框中，用吸管单击一下画布上的灰色，并调整颜色容差，到图形显示出足够多的细节，单击"确定"按钮。

（3）在工具箱中单击"前景色"按钮，设置一种较深的绿色。按 Ctrl＋Delete 组合键，以前景色填充选区，按 Ctrl＋D 组合键取消选区选择。

（4）用标尺拉出相互垂直的两条参考线，以确定圆心的位置。选择椭圆选框工具，按住中心点，再按 Shift＋Alt 组合键，拖动鼠标绘制一个以中心参考点为圆心的圆形选区。在工具"属性"栏上单击"从选区中减去"按钮，绘制一个同心的较小圆形选区，得到一个环形选区，按 Ctrl＋Shift＋I 组合键反选选区，按 Delete 键删除多余部分，得到平面的环状图形，效果如图 7-18 所示。

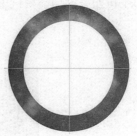

图 7-18　平面的玉石手镯

（5）双击图层 1，弹出"图层样式"对话框，选中"斜面与浮雕"复选框，设置的参数不是固定的，可反复观察效果进行调整，如图 7-19（a）所示。接着选中"光泽"，设置"混合模式"右边的色块为绿色，距离和大小可依观察效果进行设置，如图 7-19（b）所示。选中"投影"，进行设置，如图 7-19（c）所示。设置"内发光"的色块为绿色，如图 7-19（d）所示。最后回到【斜面与浮雕】，设置"阴影模式"的色块为绿色，以得到通透的效果，如图 7-19（e）所示。

（6）清除参考线，最后的效果如图 7-20 所示。

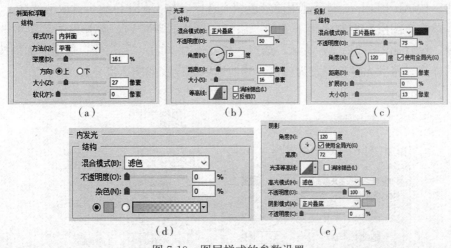

图 7-19　图层样式的参数设置

2. 制作"春"字贺卡

（1）新建一个大小为 300 像素×500 像素、白色背景的文件。

（2）新建图层并将其命名为"红色春文字"。将前景色设为红色（218，0，1），选择矩形工具，单击"属性"栏中的"路径"按钮和"添加到路径区域（＋）"按钮，在图像窗口中的适当位置绘制路径。选择路径选择工具，选取所有绘制出的路径，如图7-21（a）所示。

图7-20　玉石手镯效果

（3）单击"属性"栏中的"组合路径组件"按钮，组合路径。选择钢笔工具，在图像窗口中继续绘制路径，如图7-21（b）所示。

使用相同方法将路径组合。选择椭圆工具，单击"属性"栏中的"路径"按钮和"添加到路径区域（＋）"按钮，按住Shift键的同时，拖曳鼠标绘制圆形路径。

使用相同方法制作路径组合效果。按Ctrl＋Enter组合键将路径转换为选区，按Alt＋Delete组合键用前景色填充选区，效果如图7-21（c）所示。

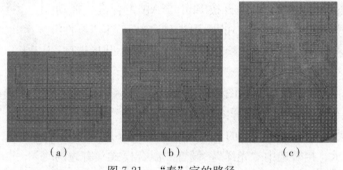

（a）　　　　　　　　（b）　　　　　　　　（c）

图7-21　"春"字的路径

（4）创建新图层，并将其命名为"黄色春文字"，将其拖曳到"红色春文字"图层的下方。将前景色设为黄色（255，251，2）。

（5）选择"选择"→"修改"→"扩展"命令，在弹出的对话框中进行设置，单击"确定"按钮。按Alt＋Delete组合键用前景色填充选区，按Ctrl＋D组合键取消选区。

（6）单击"图层"控制面板下方的"添加图层样式"按钮，在弹出的菜单中选择"投影"命令，设置如图7-22（a）所示；选择"外发光"，单击"等高线"选项后面的按钮，选择需要的样式，将发光颜色设置为白色，其他选项的设置如图7-22（b）所示。

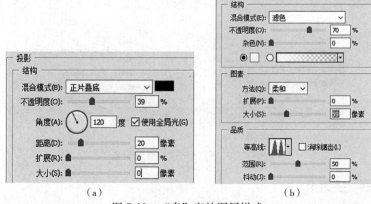

（a）　　　　　　　　　　　　（b）

图7-22　"春"字的图层样式

（7）选择"文件"→"打开"命令，打开"春节贺卡素材1.jpg"文件。选择移动工具，将素材图片拖曳到图像窗口中，并调整其位置，如图 7-23 所示。在"图层"控制面板中将生成的新图层命名为"万事如意"。

（8）按 Ctrl＋Alt＋G 组合键，制作"万事如意"图层的剪贴蒙版，最终效果如图 7-23 所示。

7.4　Photoshop CS4 蒙版和通道实例

图 7-23　"春"字贺卡效果

7.4.1　实验目的

1. 深入理解和掌握蒙版和通道的操作应用。
2. 熟悉通道和蒙版的综合运用。

7.4.2　实验背景知识

1. 蒙版

蒙版就是选框的外部（选框的内部就是选区）。"蒙版"一词来自生活应用，也就是"蒙在上面的板子"的含义。蒙版在某种意义上可以保护图层，通过修改蒙版从而对图层进行修改。

蒙版类型：快速蒙版、图层蒙版、矢量蒙版、剪切蒙版、快速蒙版模式中可以将任何选区作为蒙版进行编辑。将选区作为蒙版来编辑的优点是几乎可以使用任何 Photoshop 工具或滤镜修改蒙版。可以直接对快速蒙版使用滤镜等其他工具，在快速蒙版下，红表示被遮盖而白表示被保留。

图层蒙版可以理解为在当前图层上面覆盖一层玻璃片，这种玻璃片有透明的、半透明的、完全不透明的。然后用各种绘图工具在蒙版上（即玻璃片上）涂色（只能涂黑、白或灰色），涂黑色的地方蒙版变为透明的，看不见当前图层的图像；涂白色则使涂色部分变为不透明，可看到当前图层上的图像；涂灰色使蒙版变为半透明，透明的程度由涂色的灰度大小决定。

矢量蒙版就是使用矢量工具来绘制蒙版，具体操作和图层蒙版相同。与图层蒙版的区别是，矢量蒙版用路径工具而图层蒙版用画笔。

剪切蒙版是一个可以用其形状遮盖其他图稿的对象，因此使用剪切蒙版，只能看到蒙版形状内的区域，从效果上来说，就是将图稿裁剪为蒙版的形状。剪切蒙版和被蒙版的对象一起被称为剪切组合，并在"图层"面板中用虚线标出。可以从包含两个或多个对象的选区，或从一个组或图层中的所有对象来建立剪切组合。创建方法：按住 Alt 键在所需组合的图层之间单击即可。

2. 通道

一个通道层同一个图层最根本的区别在于：图层的各个像素点的属性是以红绿蓝三原色的数值来表示的，而通道层中的像素颜色是由一组原色的亮度值组成的。也就是说，通道中只有一种颜色的不同亮度，是一种灰度图像。通道实际上可以理解为是选择区域的映射。

利用通道可以将选区储存成为一个个独立的通道层，需要哪些选择时，就可以方便地从通道将其调入。

通道的另一主要功能是用于同图层进行计算合成，从而生成许多不可思议的特效，这一功能主要用于制作特效文字。

7.4.3　实验背景

1. 制作电影海报。
2. 利用钢笔工具和蒙版抠图，实现给图片换背景。
3. 利用通道制作镏金字。
4. 利用通道抠图，给树木换天空背景。

7.4.4　实验步骤

1. 制作电影海报

（1）选择"文件"→"打开"命令，打开"素材3.jpg"，作为背景图片，如图7-24（a）所示。再打开"素材1.jpg"，如图7-24（b）所示。按 Ctrl＋A 组合键全选图片，然后按 Ctrl＋C 组合键复制，再按 Ctrl＋W 组合键关闭文件。返回"素材3"文件，按 Ctrl＋V 组合键进行粘贴，得到图层1。用同样的方法将"素材2"也移到"素材3"文件中，得到图层2。"素材2"如图7-24（c）所示。

（a）　　　　　　　　　　（b）　　　　　　　　　　（c）

图 7-24　海报素材

（2）选择图层2，单击"图层"面板下方的"添加图层蒙版"按钮，为图层2添加蒙版，在图层面板上，"素材2"缩略图的右侧出现一个白色矩形缩略图，即蒙版。

（3）单击图层2的蒙版，将前景色设为黑色，选择画笔工具，选择"柔角200像素"画笔样式，在人物以外的区域进行涂抹，如果涂抹失误，可以再用白色画笔涂抹进行恢复。

（4）同样，为图层1添加蒙版，在人物以外的区域进行涂抹，可以观察到，涂黑的区域被遮住，同时会显示下面图层相应位置的图像。最终三张图片融合在一起，效果如图7-25所示。

图 7-25　海报效果

2. 给图片换背景

（1）选择"文件"→"打开"命令，打开"汽车素材.jpg"文件。

（2）选择钢笔工具，单击"属性"栏中的"路径"按钮，使用钢笔工具在车体上不断地增加锚点，形成一个闭合的路径。

（3）右击路径，按 Ctrl＋Enter 组合键，将钢笔工具所绘制的路径转化为选区。

（4）选区出现后，单击"图层"面板下方的"添加图层蒙版"按钮，这时车体就被抠出了，如图 7-26 所示。

图 7-26　抠出车体

（5）新建一个图层，为其填充其他颜色或图片，放在车体图层的下方，即实现了车换背景的效果。

3. 利用通道制作镏金字

（1）新建一个大小为 500 像素×300 像素、白色背景的文件。

（2）选择横排文字工具，颜色为灰色，大小为 120 点，在画布上输入文字"水生一天"。

（3）选择"选择"→"载入选区"命令，保持选区状态，进入"通道"面板，单击面板下方的"创建新通道"按钮，新建 Alpha 通道。选择油漆桶工具，用白色填充 Alpha 通道。

选择"滤镜"→"模糊"→"高斯模糊"命令，模糊半径设为 5.0。

（4）返回文字图层，选择"滤镜"→"渲染"→"光照效果"命令，出现"是否栅格化？"提示，单击"确定"按钮。在"光照效果"设置面板中，"纹理通道"选项选择"Alpha"，"凸起"选项为 90。

选择"图像"→"调整"→"曲线"命令，增加反差，设置如图 7-27（a）所示。

选择"图像"→"调整"→"色相/饱和度"命令，设置如图 7-27（b）所示。

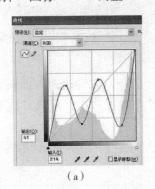

（a）

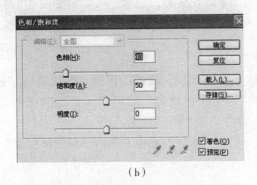

（b）

图 7-27　曲线设置和色相/饱和度设置

（5）为背景图层添加黑色，最终效果如图 7-28 所示。

4. 利用通道抠图，给树木换天空背景

（1）选择"文件"→"打开"命令，打开"通道抠图素材.jpg"文件，如图 7-29 所示。右击背景图层，选择"复制图层"命令，得到"背景副本"图层。

（2）选中"背景副本"图层，打开"通道"面板，查看通道窗口，分别点击红、绿、蓝通道，找到天空与树木反差最大的通道，即蓝色通道。将鼠标移到蓝色通道上，按住左键将其拖曳到面板下方的"创建新通道"按钮上，即复制通道，得到"蓝 副本"通道。

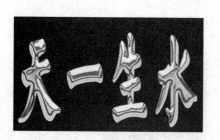

图 7-28　镏金字效果

图 7-29　抠图素材

　　（3）选择"图像"→"调整"→"亮度/对比度"命令，增加天空与树的反差。想抠出的树区域越黑越好，不想要的天空越白越好。

　　如果效果不满意，也可以选择"图像"→"调整"→"色阶"命令，首先选择最右侧的吸管"在图像中取样以设置白场"，单击天空部分 2～3 次，使天空部分全部变白，再选择最左侧的吸管"在图像中取样以设置黑场"，单击树梢颜色较浅部位，使树木及地面部分全部变黑，如图 7-30 所示。

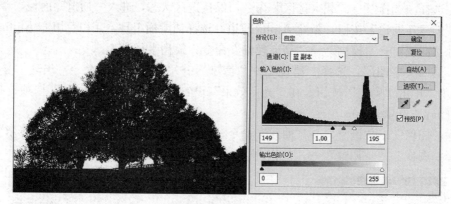

图 7-30　调整色阶

　　（4）打开"图层"面板，选择"选择"→"载入选区"命令，在"通道"面板中选择"蓝 副本"，单击"确定"按钮，观察到白色部分，即天空全部被选中，选择"选择"→"反向"命令，变为黑色选区。

　　（5）单击"图层"面板下方的"添加图层蒙版"按钮，隐藏背景图层，得到抠图的效果如图 7-31 所示。

图 7-31　抠图效果

（6）抠图完成后，可替换喜欢的背景。

7.5　Photoshop CS4 滤镜实例

7.5.1　实验目的

1. 学习滤镜的基本概念和基本使用方法。
2. 灵活运用滤镜处理图片。

7.5.2　实验背景

所谓滤镜，是指以特定的方式修改图像文件的像素特性的工具，就像摄影时使用的过滤镜头，能使图像产生特殊的效果。Photoshop 中的滤镜种类丰富，功能强大。

7.5.3　实验内容

1. 制作星光笔刷。
2. 制作水波。
3. 制作火焰菊花。
4. 制作牛皮篮球。
5. 制作奇异花朵。
6. 制作透明气泡。
7. 图片转油画效果。
8. 制作木质相框。

7.5.4　实验步骤

1. 制作星光笔刷

（1）选择"文件"→"新建"命令，创建一个 300 像素×300 像素大小的文件，背景填充为黑色。

（2）新建图层（图层 1），利用铅笔工具画一条 2 像素宽的白色短线，对白色短线执行"滤镜"→"模糊"→"动感模糊"命令，距离设为 50 像素。

（3）复制一层（图层 1 副本），选择"编辑"→"变形"→"旋转 90 度"命令，选中"图层 1"及其副本，合并图层。再次复制图层，旋转 45°，并缩小 60%。

（4）新建图层，利用画笔工具，选择柔角 20 像素白色画笔，点击中心 2 次。

（5）合并所有图层，选择"图像"→"调整"→"反相"命令。再选择"编辑"→"定义画笔预设"，名称定义为"星光画笔"。效果如图 7-32 所示。

图 7-32　星光效果

2. 制作水波

（1）选择"文件"→"新建"命令，创建一个 640 像素×480 像素大小的文件，背景填充为黑色。

（2）选择"滤镜"→"渲染"→"镜头光晕"命令，亮度设为138，镜头类型选择"50～300毫米变焦"，效果如图7-33所示。

（3）选择"滤镜"→"扭曲"→"水波"命令，数量设为78，起伏设为6，样式选择"围绕中心"，效果如图7-34所示。

（4）选择"滤镜"→"素描"→"铭黄"命令，细节设为1，平滑设为5，效果如图7-35所示。

图7-33　镜头光晕滤镜效果

图7-34　水波滤镜效果

图7-35　铭黄滤镜效果

（5）新建一图层，填充喜欢的颜色，再将图层混合模式设为"叠加"，给水波上色。最终效果如图7-36所示。

3. 制作火焰菊花

（1）选择"文件"→"新建"命令，创建一个画布尺寸为800像素×800像素的文件，背景填充为黑色，分辨率设为150。

（2）新建图层，得到"图层1"，选择画笔工具，笔刷直径设为9像素，颜色为白色，其他参数默认，用画笔在画布上随意点一些白点。

图7-36　水波效果

（3）选择"滤镜"→"风格化"→"风"命令，参数默认，单击"确定"按钮后，按Ctrl＋F组合键加强几次。效果如图7-37所示。

（4）选择"图像"→"图像旋转"→"顺时针90度"命令，然后执行"滤镜"→"扭曲"→"极坐标"命令，单击"确定"后，按Ctrl＋F组合键加强一次。

（5）复制图层1，选择"编辑"→"变换"→"水平翻转"命令，以创建对称花瓣，效果如图7-38所示。

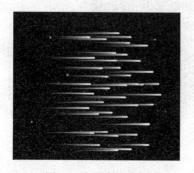
图7-37　风滤镜效果

图7-38　极坐标滤镜和水平翻转效果

（6）新建一图层，选择多边形套索工具，选中整个菊花的大致轮廓，单击右键，从弹出的快捷菜单中选择"建立选区"命令。选择渐变工具，设置从橘黄到黄色的径向渐变，填充选区。

将图层的混合模式设为"颜色"。新建一图层，按 Ctrl＋Shift＋Alt＋E 组合键盖印图层，即将下面的图层合并到一个新图层（图层 3）。效果如图 7-39（a）所示。

（7）选择多边形套索工具，选中菊花底部轮廓，按 Ctrl＋J 组合键将选中部分复制到新图层（图层 4），将其垂直翻转，缩小尺寸，移到花蕊位置。最后用画笔添加点状花蕊。效果如图 7-39（b）所示。

（a）　　　　　　　　　　　　　　　（b）

图 7-39　火焰菊花效果

4. 制作牛皮篮球

（1）选择"文件"→"新建"命令，创建一个画布尺寸为 500 像素×500 像素的文件，背景填充为黑色，分辨率设为 150。

（2）新建图层，选择"滤镜"→"纹理"→"染色玻璃"命令，设置单元格大小为 2，边框粗细为 2，光照度为 10，单击"确定"按钮。

选择"滤镜"→"风格化"→"浮雕效果"命令，设置角度为 45°，高度为 1 像素，单击"确定"按钮。

选择"图像"→"调整"→"反相"命令。

（3）从标尺上拖曳出十字参考线，选择椭圆选框工具，同时按下 Alt＋Shift 组合键，从参考线中心向外拉出适当大小的正圆选区，执行"滤镜"→"扭曲"→"球面化"命令，设置数量为 100%，模式为"正常"，单击"确定"按钮。

执行"选择"→"反向"命令，按 Delete 删除后，按 Ctrl＋D 组合键取消选区。

（4）单击"图层"面板下面的"添加图层样式"按钮，选择"颜色叠加"，颜色设为红色，不透明度设为 33%。效果如图 7-40（a）所示。

（5）新建图层 2，按 Ctrl 键不放，点击图层 1 的缩略图，载入圆形选区。

单击图层 2，选择渐变工具，对渐变色进行设置，颜色从左至右依次为 ♯b1abab、♯646161、♯b3aeae、♯ffffff，选择"径向渐变"，在圆形选区拉出如图 7-40（b）所示的渐变。将图层 2 的混合模式设为"叠加"。

隐藏背景层，按 Ctrl＋Shift＋Alt＋E 组合键进行盖印（图层 3），效果如图 7-40（c）所示。然后显示背景层。

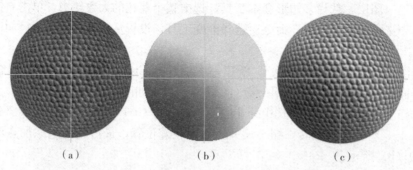

（a）　　　　　　　　（b）　　　　　　　　（c）

图 7-40　颜色叠加和高光的效果

（6）新建图层（图层 4），利用黑色、5 像素硬边画笔沿辅助线作出两条垂直线。选择钢笔工具，在篮球左侧作出曲线路径，如图 7-41（a）所示。

（7）按 Ctrl＋Enter 组合键，将路径转化为选区。新建图层（图层 5），选择"编辑"→"描边"命令，将宽度设为 5 像素，颜色设为黑色。

复制图层 5，选择"编辑"→"变换"→"水平翻转"命令，利用移动工具将翻转后的路径移到篮球右侧，如图 7-41（b）所示。

（8）同时选中两个描边层和十字层，在右键快捷菜单中选择"合并图层"命令。按 Ctrl 键不放，单击图层 1 的缩略图，载入圆形选区。选择"选择"→"反向"命令，按 Delete 键删除多余部分。

双击图层，为线条添加"斜面和浮雕"样式，深度设为 600％，阴影的角度为 49，高度设为 42，效果如图 7-41（c）所示。

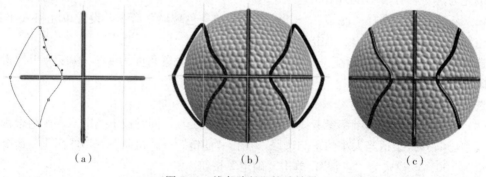

（a）　　　　　　　　（b）　　　　　　　　（c）

图 7-41　线条路径和篮球效果

5. 制作奇异花朵

（1）选择"文件"→"新建"命令，创建一个画布尺寸为 600 像素×600 像素的文件，背景填充为黑色。

（2）新建图层，选择移动工具，用鼠标在画布上拉出一条垂直参考线，利用画笔工具，选择"硬边机械 5 像素"白色画笔，沿参考线画出一条白线。

选择"滤镜"→"风格化"→"风"命令，再重复执行 2 次，效果如图 7-42（a）所示。

选择"编辑"→"变换"→"变形"命令，制作出如图 7-42（b）所示的变形。

右击图层 1，选择"复制图层"命令，复制 4 次，将复制 4 个副本进行变形，并重新排列，如图 7-42（c）所示。

选中图层 1 及其副本，进行合并，命名为"花瓣"。

（3）复制"花瓣"图层，命名为"花蕊"，将其缩小，放入花瓣中央，作为花蕊，如图 7-42（d）所示。

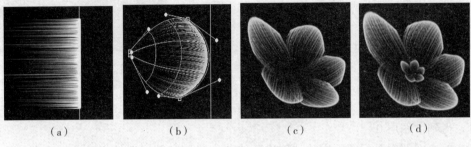

（a）　　　　　（b）　　　　　（c）　　　　　（d）

图 7-42　风和变形效果

（4）选择"花瓣"图层，单击"图层"面板下面的"添加图层样式"按钮，选择"颜色叠加"命令，颜色设为淡紫（＃d164db）；外发光的颜色为深紫（＃8d0792）。选择"花蕊"图层，单击"图层"面板下面的"添加图层样式"按钮，选择"颜色叠加"命令，颜色设为黄（＃ffff00）；外发光的颜色为橙黄（＃f2cd3a）。

用同样的方法，制作出其他花朵，效果如图 7-43 所示。

6. 制作透明气泡

（1）选择"文件"→"打开"命令，打开素材文件。按 Ctrl＋J 组合键两次，制作 2 个背景副本。

图 7-43　奇异花朵效果

（2）选择矩形选框工具，按 Shift 键，画正方形，以选中要制作进球体中的景物。

（3）选择"滤镜"→"扭曲"→"极坐标"命令，选中"从平面坐标到极坐标"，单击"确定"按钮，效果如图 7-44（a）所示。

单击"图层"面板下方的"添加图层蒙版"命令；选择画笔工具，选择"柔角 100 像素"画笔，前景色设为黑色，背景色设为白色，从圆的中间刷出效果，如图 7-44（b）所示。

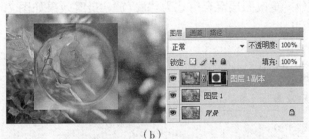

（a）　　　　　　　　　　　（b）

图 7-44　极坐标和蒙版效果

（4）隐藏背景图层。右击图层 1，在快捷菜单中选择"合并可见图层"命令（名为"图层 1 副本"）。选中合并后的图层，利用椭圆选框工具，按 Shift 画圆，选中球形区域。

单击"选择"→"反向"命令，按 Delete 键删除圆以外的区域，按 Ctrl＋D 组合键取消选区。选择模糊工具，涂抹圆的边缘。复制"图层 1 副本"，选择"编辑"→"变换"→"垂直翻转"命令，并将其放在"图层 1 副本"的下面，降低透明度到 58%。

（5）显示背景图层，执行"滤镜"→"模糊"→"高斯模糊"命令，半径设为 4.5 像素。合并所有图层，效果如图 7-45 所示。

图 7-45　透明气泡效果

7. 图片转油画效果

（1）选择"文件"→"打开"命令，打开素材文件如图 7-46 所示。双击背景图层，将其解锁，得到"图层 0"。

（2）单击"图层"面板下方的"创建新的填充或调整图层"按钮，选择"色阶"命令，设置如图 7-47（a）所示。单击"图层"面板下方的"创建新的填充或调整图层"按钮，设置色相/饱和度，如图 7-47（b）所示。

图 7-46　素材图片

（a）

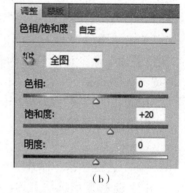

（b）

图 7-47　调整图层色阶和设置色相/饱和度

（3）新建图层，按 Ctrl＋Shift＋Alt＋E 组合键，盖印可见图层。执行"滤镜"→"艺术效果"→"干画笔"命令，设置如图 7-48（a）所示。

新建图层，按 Ctrl＋Shift＋Alt＋E 组合键，盖印可见图层。执行"滤镜"→"纹理"→"纹理化"命令，设置如图 7-48（b）所示。

（4）更改图层混合模式为"滤色"，最终效果如图 7-49 所示。

（a）

（b）

图 7-48　干画笔和纹理化滤镜设置

图 7-49　图片转油画效果

8. 制作木质相框

（1）选择"文件"→"新建"命令，创建一个画布尺寸为 768 像素×1024 像素的文件，背景填充为白色。

（2）执行"滤镜"→"转换为智能滤镜"命令，在弹出的对话框上单击"确定"按钮，得到图层"图层 0"。

（3）单击"前景色"按钮，在弹出的"拾色器"菜单中设置 R＝125、G＝83、B＝26。背景色设为 R＝206、G＝150、B＝78。执行"滤镜"→"渲染"→"纤维"命令，在弹出的"纤维"对话框中设置"差异"选项为 20，"强度"选项为 10。

执行"选择"→"色彩范围"命令，颜色容差设为 50，则容差范围内的会变为选区。保持选区，选择"图层"→"新建"→"通过拷贝的图层"命令，复制得到新图层"图层 1"。

（4）单击图层面板下方的"添加图层样式"按钮，为图层"图层 1"添加图层样式。"斜面和浮雕"参数设置如图 7-50（a）所示，"投影"参数设置如图 7-50（b）所示。

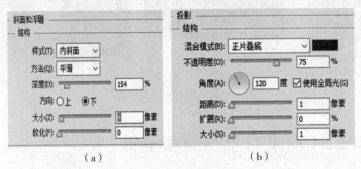

图 7-50　图层样式设置

（5）选择图层"图层 0"，执行"滤镜"→"渲染"→"纤维"命令，在弹出的"纤维"对话框中设置"差异"选项为 30，"强度"选项为 20，使得纹理更加具有层次感（也可多执行几次）。效果如图 7-51（a）所示。

（6）合并所有图层，命名为"木纹"，复制后得到"木纹副本"图层，执行"编辑"→"变换"→"旋转 90 度（顺时针）"命令。效果如图 7-51（b）所示。

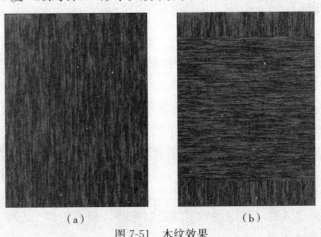

图 7-51　木纹效果

（7）为了做出相框四个边框的效果，需要在"木纹副本"图层和"木纹"图层上分别添加蒙版。利用钢笔工具分别在"木纹副本"图层和"木纹"图层上做出如图 7-52（a）所示的选区，然后用黑色填充选区，形成的效果如图 7-52（b）所示。

（8）新建图层，利用矩形选框工具，在相框内画出矩形选区，用于放置图片，右击选区，选择"描边"命令，宽度设为 10 像素，颜色设为白色，双击图层，为其添加"斜面和浮雕"和描边样式，参数自定。用同样的方法为相框的外圈添加白边。裁剪图片，最终效果如图 7-52（c）所示。

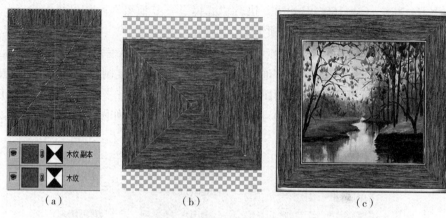

（a）　　　　　　　　　（b）　　　　　　　　　（c）

图 7-52　蒙版和木纹相框效果

7.6　Flash CS4 动画对象绘制和编辑

7.6.1　实验目的

1. 掌握文件的新建、打开、保存等基本操作。
2. 掌握工具箱中工具的用法，以及功能面板的使用。
3. 熟练运用绘图工具绘制和编辑图像。
4. 了解图层的概念。

7.6.2　实验内容

1. 绘制花朵，按下述要求完成各项操作：画出一个花瓣，并填充由橙色到黄色的渐变颜色；调整花瓣的角度，并复制其他花瓣；绘制花杆；绘制绿叶和叶子的脉络。

2. 绘制蝴蝶，按下述要求完成各项操作：绘制蝴蝶左上侧翅膀的轮廓；绘制左上侧翅膀上的脉络；为脉络下侧填充橙色；在左上侧翅膀上画两个圆，填充颜色；利用同样的方法，在另一个图层中绘制左下侧翅膀；新建图层，绘制蝴蝶身体，填充绿色；新建图层，绘制蝴蝶的眼睛和触角；复制左侧翅膀，完成右侧翅膀绘制。

3. 绘制汽车，按下述要求完成各项操作：画两个车轮，黑色边缘，填充灰色；新建图层，利用钢笔工具绘制车身，填充粉红色；绘制车身其他部分。

4. 绘制米老鼠头像，效果如图 7-53 所示。

图 7-53　米老鼠头像效果

5. 输入文字"动画制作"，并按下列要求对文字进行编辑：

（1）带阴影的文字：字体为"黑体"，大小为 50 像素，字符间距为 5 像素。为文字添加灰色阴影，阴影向外扩大 3 像素，柔化边缘填充为 4 像素，步骤数为 3。

（2）空心文字：字体为"华文新魏"，大小为 80 像素，字符间距为 5 像素，红色边框为 1.5 像素。

（3）彩色渐变文字：字体为"隶书"，大小为 50 像素，字符间距为 10 像素，设置文字填充颜色为渐变色。

（4）立体倒影效果文字。

7.6.3　实验步骤

1. 绘制花朵

（1）选择"文件"→"新建"命令，创建新文件，背景为白色。

（2）选择椭圆工具，设置笔触颜色为空，填充颜色任意，在舞台上绘出一个椭圆。

（3）使用选择工具选择该椭圆，通过"窗口"→"颜色"命令，打开"颜色"面板，设置类型为"线性"，选择左色标为橙色（♯ff3300），右色标为黄色（♯ffff66），得到线性渐变的填充效果，如图 7-54（a）所示。

（4）选择渐变变形工具，通过旋转填充将图形填充为渐变色，如图 7-54（b）所示。

（5）选择任意变形工具，调整线性渐变的中心点到花瓣的下端位置，如图 7-54（c）所示。

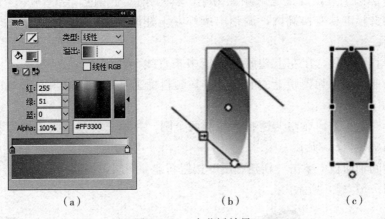

|（a）|（b）|（c）|

图 7-54　一个花瓣效果

（6）选择"窗口"→"变形"命令，调出"变形"面板，设置旋转角度为 30°，如图 7-55（a）所示，再单击"重置选区和变形"按钮多次，得出如图 7-55（b）所示的花瓣。

（7）使用选择工具将所有花瓣全部选中，再选择任意变形工具，将其进行缩放，完成所有花瓣的绘制。取消花瓣的选取。

（8）选择铅笔工具，在选项卡中选择平滑，设置笔触颜色为绿色，笔触大小为 2，画一条线段，作为花杆。用指针工具指向线段，当指针下方出现弧形时，可拖曳出弧线。

（9）选择椭圆工具，设置笔触颜色绿色，填充颜色为绿色。在舞台上绘制一个椭圆。单击选择工具，将鼠标移动到椭圆的右顶端，当鼠标后面跟了一个弧形的时候，将鼠标往外拉，拉的过程中同时按下 Ctrl 键，拉出来的角度比较尖。再用选择工具调整叶子的两侧。

图 7-55　多个花瓣效果

（10）选取线条工具，颜色选择浅绿色，绘制叶子的脉络，使用选择工具调整脉络的弧度，完成一片叶子。按 Alt 键，拖动绿叶，复制绿叶，用任意变形工具调整叶子的大小，最后将花朵与绿叶合成，效果如图 7-56 所示。

2. 绘制蝴蝶

（1）选择"文件"→"新建"命令，创建新文件，背景为白色。

（2）选择椭圆工具，设置笔触颜色为空，填充颜色为黑色。绘制椭圆，利用选择工具变换椭圆，调整出蝴蝶左上翅膀形状，如图 7-57（a）所示。

图 7-56　多个花瓣效果

（3）选择直线工具，在左上翅膀上绘制多条直线，使用选择工具将直线变为曲线，作为翅膀上的脉络。选择颜料桶工具，为蝴蝶填充喜欢的颜色，如图 7-57（b）所示。

（4）选择椭圆工具，在左上翅膀上绘制两个圆，并填充黄色，完成蝴蝶左上翅膀的绘制，效果如图 7-57（c）所示。

（5）在时间轴面板上单击"新建图层"按钮新建一图层，用同样的方法绘制蝴蝶左下翅膀，效果如图 7-57（d）所示。

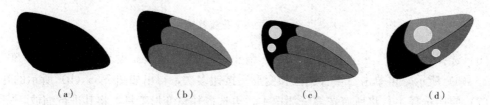

图 7-57　蝴蝶左上下翅膀形状及效果

（6）在时间轴面板上单击"新建图层"按钮新建一图层，利用椭圆工具绘制椭圆，使用指针工具改变椭圆的形状，使用直线工具绘制身体横线，并使用指针工具将直线变为弧线，在形成的区域填充绿色，完成蝴蝶身体的绘制。

（7）在时间轴面板上单击"新建图层"按钮新建一图层，利用椭圆工具绘制蝴蝶的眼睛，利用直线工具和指针工具绘制蝴蝶的触角。

（8）新建图层，复制左侧蝴蝶翅膀，选择"修改"→"变形"→"水平翻转"命令，把右翅膀移动到合适的位置。至此完成蝴蝶的绘制，最终效果如图 7-58 所示。

图 7-58　蝴蝶效果

3. 绘制汽车

（1）选择"文件"→"新建"命令，创建新文件，背景为白色。

（2）选择椭圆工具，笔触黑色，填充灰色（♯949494），画出两个车轮。

（3）在时间轴面板上单击"新建图层"按钮新建一图层，选择钢笔工具，绘制三角图形作为汽车外形，如图 7-59（a）所示。

（4）单击"钢笔工具"按钮右下角的黑色小三角按钮，在弹出的选项菜单中选择"转换锚点工具"命令，拖动上方的锚点，绘制如图 7-59（b）所示的曲线。调节锚点右侧的调节柄，进一步美化汽车的外形，如图 7-59（c）所示。

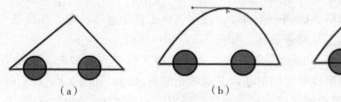
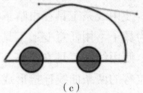

（a）　　　　　　　　　　（b）　　　　　　　　　　（c）

图 7-59　汽车外形

（5）利用钢笔工具，在车顶路径上单击增加一个新的锚点，通过转换锚点工具和调节柄继续调整汽车外形，如图 7-60 所示。

（6）选择颜料桶工具，选择填充颜色（♯ee1b41）为汽车车身填充颜色。

（7）利用椭圆工具、直线工具以及指针工具为汽车添加其他形状和线段，调整外形，并填入如图 7-61 所示的颜色。完成小车的绘制。

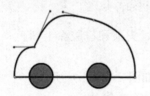

图 7-60　调整汽车前部　　　　　　　　图 7-61　汽车效果

4. 绘制米老鼠头像

（1）选择"文件"→"新建"命令，创建一个新文件。选择"修改"→"文件"命令，打开"文档属性"对话框，标题设为"米老鼠头像"。单击"确定"按钮保存。

（2）单击"椭圆工具"按钮，在"属性"面板中设置笔触颜色为黑色，笔触高度为1.5，笔角样式为实线，填充色为无色。

（3）在舞台中画一个稍大一点的椭圆作为米老鼠的头部，再画一个圆作为米老鼠的耳朵。用选择工具选中画的耳朵，按下键盘上的 Ctrl 键，拖动耳朵复制一个副本，然后调整两只耳朵与头部的位置，如图 7-62（a）所示。

（4）使用椭圆工具绘制一个椭圆，用来制作面部轮廓的一部分；用任意变形工具对椭圆略做旋转，然后选中它，复制一个副本；选中副本椭圆，选择"修改"→"变形"→"水平翻转"命令，然后将其调整到对称的位置，如图 7-62（b）所示。

（5）用同样的方法绘制出脸蛋处的线条，调整好位置，如图 7-62（c）所示。

（6）使用选择工具选中多余的交叉线条，按 Del 键将其删除，如图 7-62（d）所示。

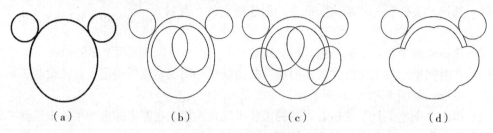

（a）　　　　　　　（b）　　　　　　　（c）　　　　　　　（d）

图 7-62　绘制头部和脸

（7）用椭圆工具绘制出眼眶与眼睛，如图 7-63（a）所示。

（8）使用线条工具在眼睛下面画一条直线，使用选择工具把直线拉弯。在线条下面画一椭圆作为鼻子，用任意变形工具略做旋转，如图 7-63（b）所示。

（9）使用线条工具在鼻子下面画两条直线，使用选择工具把直线拉弯。拖动直线的端点，使拉弯的两条曲线连接形成嘴巴的形状，并对嘴角略做修饰，如图 7-63（c）所示。

（10）选中铅笔工具，铅笔模式设为平滑，然后画出舌头的形状，如图 7-63（d）所示。

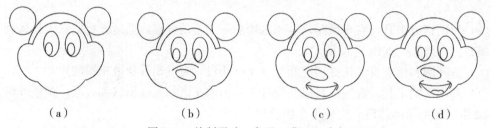

（a）　　　　　　　（b）　　　　　　　（c）　　　　　　　（d）

图 7-63　绘制眼睛、鼻子、嘴巴和舌头

（11）选择颜料桶工具给米老鼠耳朵、眼睛、鼻子、头顶和口腔涂上黑色，给米老鼠面部涂上黄色，舌头涂成红色，如图 7-64（a）所示。

（12）使用橡皮擦工具擦出眼睛和鼻子上的亮点，如图 7-64（b）所示。

（13）保存并测试（选择"控制"→"测试影片"命令）影片。

（a）　　　　　　　　　　　　　（b）

图 7-64　瞳孔和鼻子反光点

5. 编辑输入文字"动画制作"

（1）带阴影文字。

①选择文字工具，在"属性"面板中设置"系列"选项为"黑体"，大小为 50 点，字符

间距为 5，在场景的合适位置输入文字"动画制作"。

②选中文本，按 Ctrl 键拖曳文本，复制一个副本。

③选中副本中的文字，在"属性"面板中设置颜色为灰色。选中"修改"→"分离"命令，连续两次，将其打散。

④选择"修改"→"形状"→"扩散填充"命令，打开"扩散填充"对话框，在"距离"文本框中输入"3"（像素），"方向"选项中选择"扩散"，单击"确定"按钮。

⑤选择"修改"→"形状"→"柔化填充边缘"命令，在"距离"文本框中输入"4"（像素），在"步骤数"文本框中输入"3"，"方向"选项中选择"扩散"，单击"确定"按钮。

⑥拖曳原文本与副本重合，加阴影文字制作完毕，如图 7-65 所示。选择"文件"→"导出图像"命令，以文件名"阴影文字"、类型".wmf"保存文件。

图 7-65 带阴影的文字

（2）空心文字。

①选择文字工具，在"属性"面板中设置"系列"选项为"华文新魏"，大小为 80 点，字符间距为 5，在场景的合适位置上输入文字"动画制作"。

②选中文本，选择"修改"→"分离"命令连续两次，将其打散。

③选择墨水瓶工具，笔触颜色设为红色，单击文字的轮廓线。

④选中文本，使用选择工具拖曳原文本，按 Del 键将其删除。如图 7-66 所示。

⑤选择"文件"→"导出图像"命令，以文件名"空心文字"、类型".wmf"保存文件。

图 7-66 空心文字

（3）彩色渐变文字。

①选择文字工具按钮，在"属性"面板中设置"系列"选项为"隶书"，大小为 50 点，字符间距为 10，在场景的合适位置上输入文字"动画制作"。

②选中文本，选择"修改"→"分离"命令连续两次，将其打散。

③选择颜料桶工具，通过"窗口"→"颜色"命令，打开"颜色"面板，设置类型为"放射状"，选择左色标为红色，中间色标为黑色，右色标为蓝色，得到放射性渐变的填充效果，如图 7-67 所示。

④选择"文件"→"导出图像"命令，以文件名"渐变文字"、类型"wmf"保存文件。

图 7-67 渐变文字

（4）立体倒影文字。

①选择文字工具，在"属性"面板中设置"系列"选项为"隶书"，大小为 50 点，字符间距为 10，在场景的合适位置输入文字"动画制作"。

②选中文本，按 Ctrl 键拖曳文本，复制一个副本。

③选择任意变形工具，单击副本，文本四周出现 8 个活动块。拖曳副本使之与原文本重合，向下拖曳上框中间的活动块，拖曳出来的部分即为文字的倒影。选中倒影文字，将其填充色改为灰色，如图 7-68 所示。

图 7-68 立体倒影文字

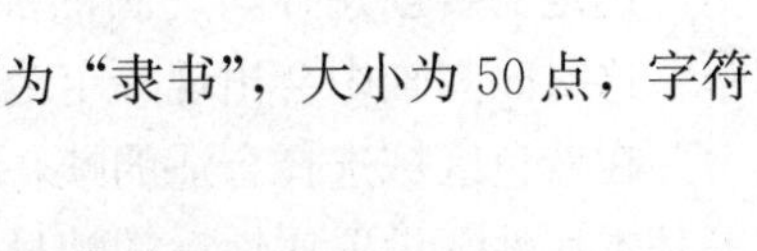

④选择"文件"→"导出图像"命令，以文件名"立体倒影文字"、类型"wmf"保存文件。

7.7 Flash CS4 逐帧动画和补间动画实例

7.7.1 实验目的

1. 掌握帧和时间面板的操作。

2. 掌握逐帧动画、补间形状动画、传统补间动画和补间动画的制作方法。

3. 掌握元件、库和实例的使用方法。

7.7.2 实验背景知识

主要有以下常用操作：

1. 帧操作

·在帧上右击，在菜单中选择相应的操作命令。

·按 F6 键，插入关键帧（复制前一关键帧的图像）。

·按 F7 键，插入空白关键帧。

·按 F5 键，插入帧。

·按住 Shift 键，可以选择连续的多个帧。

·按住 Ctrl 键，可以选择不连续的多个帧。

·选中帧，光标尾部带有方框，通过拖曳可以移动帧的位置。

2. 逐帧动画

每一个画面都是关键帧，通过编辑动画中的每一帧画面内容而产生的。使用此技术可创建与快速连续播放的影片帧类似的效果。对于每个帧的图形元素必须不同的复杂动画而言，此技术非常有用。

3. 补间形状动画

它是帧对象的外形产生连续变化的动画。在形状补间中，可在时间轴中的特定帧绘制一个形状，然后更改该形状或在另一个特定帧绘制另一个形状。最后，Flash 将内插中间的帧的中间形状，创建一个形状变形为另一个形状的动画。

制作补间形状动画需要两个条件：

（1）动画中至少有两个关键帧，且关键帧中的对象形状、位置或颜色不同。

（2）关键帧中的对象不能够是元件的实例，以保证其形状的变化具有渐变性。

选定需要创建补间动画的那一个关键帧，执行右键快捷菜单中的"创建补间动画"命令。这时时间轴中会出现一定范围的蓝色底纹，这就是 Flash 自动设定的补间范围。

在蓝色区域选择合适的帧，打开动画编辑器，即可设定帧的大小、倾斜度、滤镜、缓动等基本属性，设置属性后的帧显示为菱形标记，该帧称为属性关键帧。在补间动画范围可以设置多个属性关键帧。

4. 传统补间动画

传统补间动画又称为动作补间、中间帧动画、运动渐变动画，是 Flash 中最经典、使用最频繁的动画类型。凡涉及对象大小、位置、颜色、透明度、旋转角度等属性变化的动画效果，均可用传统补间动画实现。

制作时必须满足以下两个条件：

（1）两个关键帧中的对象必须是库中元件的实例，不能是形状。

（2）两个关键帧中的对象必须是同一个元件实例，只能是大小、位置、颜色等属性不同。

5. 补间动画

使用补间动画可设置对象的属性，如一个帧中以及另一个帧中的位置和 Alpha 透明度。然后 Flash 在中间内插帧的属性值。对于由对象的连续运动或变形构成的动画，补间动画很有用。补间动画在时间轴中显示为连续的帧范围，默认情况下可以作为单个对象进行选择。补间动画功能强大，易于创建。

7.7.3　实验内容

1. 逐帧动画实例

（1）外部导入方式创建逐帧动画。

（2）倒计时动画效果。

（3）模拟书写文字。

（4）打字效果。

2. 补间形状动画实例

（1）动感球。要求使球上的光点从左上角到右下角，然后再从右下角移到左上角，循环往复。

（2）制作变形数字"1→2→3"的形状补间动画，并加入形状提示控制形变。

（3）四颗五角星从礼盒中飞出，随即转变为"节日快乐"四个字的动画。

（4）模拟折叠纸飞机的过程。

3. 传统补间动画实例

（1）制作"小球碰撞"动画。要求：制作一幅动画，一个红色小球加速垂直下落时碰到地面上的绿色小球，红球减速弹起，绿球向远处滚去并慢慢消失。

（2）制作长度为 30 帧，并使文字"动画设计"旋转 360°的渐变动画。

（3）制作"旋转的风车"动画。

4. 补间动画实例

制作"弄潮儿"动画。要求冲浪人沿着海浪的曲线由远及近运动。

7.7.4　实验步骤

1. 逐帧动画实例

（1）外部导入 .gif 格式图片的方式创建逐帧动画。

①新建空白文档。修改文档属性：宽、高均为 150 像素，背景为白色，帧频为 10。

②选择"文件"→"导入"→"导入到舞台"命令，选择素材"8-1.gif"图片。逐帧动画即可创建完毕。绘图纸外观效果如图 7-69 所示。

③选择"文件"→"保存"命令，保存文件。

（2）倒计时动画效果。

①选择"文件"→"新建"命令，创建一个新

图 7-69　外部导入 .gif 格式图片的逐帧动画

文件。

②选择椭圆工具，设置笔触颜色为黑色，填充色为无。

③在场景按住 Shift 键画一个圆。选择直线工具，把圆分成四份。在图层 1 的第 31 帧处插入一个关键帧。

④新建一个图层，选择文本工具，在 31 帧处插入一个关键帧，从第一帧开始输入文本数字"30"，第二帧输入"29"，以此类推。如图 7-70 所示。

⑤按 Ctrl＋Enter 组合键测试影片，并保存文件。

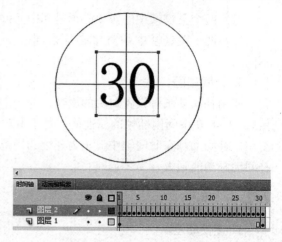

图 7-70　倒计时的逐帧动画

（3）模拟书写文字的动画效果。

①选择"文件"→"新建"命令，创建一个新文件。

②选择"修改"→"文档"命令，打开"文档属性"对话框，将帧频设置为 6fps，其他参数默认，单击"确定"按钮。

③选择"文件"→"导入"命令，打开"导入"对话框，选中背景素材文件"春.jpg"，单击"打开"按钮。选择任意变形工具将图片适当调整，作为背景图片。选中图层 1 的第 13 帧并右击，在右键快捷菜单中选择"插入帧"命令。

④单击"时间轴"面板上的"新建图层"按钮，插入一新图层"图层"。

⑤选中图层 2 的第 1 帧，单击"文字工具"按钮，在"属性"面板中将字体"系列"选项设置为"华文新魏"，大小设置为 95 点，颜色设置为♯009900，粗体字。将鼠标指针移到工作区的合适处单击后确定文字输入位置，并输入文字"春日"。

⑥选择"修改"→"分离"命令，连续两次，将文字打散。

⑦选择橡皮擦工具，选择适当的形状，按照笔画顺序从后往前擦除文字笔画，例如第一笔擦除的是"日"字下面的一横，第一笔擦除后，单击第 2 帧，按 F6 功能键插入关键帧，然后使用橡皮擦工具擦除第二笔。依次往前将文字全部擦除，每擦除一笔就在时间轴上插入一个关键帧，直到将文字全部擦除。注意：在笔画的交叉处，擦除其中一个笔画时不要破坏另一个笔画的完整性。

⑧选中第 1 帧，按住 Shift 键后，选中最后一帧，则选中全部帧。右键点击选中的帧，在快捷菜单中选择"翻转帧"命令。如图 7-71 所示。

⑨按 Enter 键测试播放动画。

⑩保存文件，并将动画文件导出。

图 7-71　模拟写字的逐帧动画

（4）打字效果。

①设置舞台属性，大小为 400 像素×200 像素，颜色为深蓝。

②在第 5 帧插入空白关键帧。

③选用文本工具，在"属性"面板上设置字体为"黑体"，大小为 80 点，颜色为白色。选择菜单"文本"→"样式"→"仿粗体"命令设置"粗体"文字。

④在舞台上输入文本"逐帧动画"。选中文本，按 Ctrl＋B 组合键，将其打散为 4 个文本。

⑤分别在第 10 帧、第 15 帧和第 20 帧插入关键帧，在第 25 帧插入帧。

⑥在第 5 帧删除后 3 个文本，在第 10 帧删除后 2 个文本，在第 15 帧删除后 1 个文本。如图 7-72 所示。

⑦保存文件，按 Ctrl＋Enter 组合键测试影片。

图 7-72 打字效果的逐帧动画

2. 补间形状动画实例

（1）动感球。

①选择"文件"→"新建"命令，新建一个文档。

②单击"椭圆工具"按钮，设置笔触颜色为无，填充颜色选择黑，按住 Shift 键，在工作区绘制一个圆居中安放。

③单击"颜料桶工具"按钮，填充颜色选择放射渐变白黑色样本，单击圆图形的左上角，如图 7-73（a）所示。

④右击图层 1 上的第 25 帧，在快捷菜单中选择"插入关键帧"命令，单击"颜料桶工具"按钮，填充颜色选择放射渐变白黑色样本，单击圆图形的右下角，如图 7-73（b）所示。右键单击第 1 帧，在快捷菜单中选择"创建补间形状"命令。

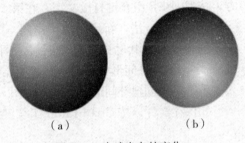

（a）　　　　　　（b）

图 7-73 小球光点的变化

⑤右键单击第 1 帧，在快捷菜单中选择"复制帧"命令，右击第 50 帧，在快捷菜单中选择"复制帧"命令，在第 25 到第 50 帧中任意选择一帧，在右键快捷菜单中选择"创建补间形状"命令。

⑥保存文件，按 Ctrl＋Enter 组合键测试影片。

（2）变形数字"1→2→3"。

①设置舞台属性，大小为 400 像素×200 像素，颜色为深蓝色。

②选用文本工具，在属性面板上设置字体"Arial"，大小为 200 点，颜色为黄色。选择菜单"文本"→"样式"→"仿粗体"命令设置"粗体"文字。

③在第 1 帧的舞台上输入文本"1"。

④在第 5 帧和 20 帧插入关键帧，将文本改为"2"；在第 25 帧和 40 帧插入关键帧，将文本改为"3"；在第 45 帧和 60 帧插入关键帧，将文本改为"1"。

⑤在每个关键帧的舞台上选中文字，按 Ctrl＋B 组合键将其打散。

⑥分别在连续选中的 5～20 帧、25～40 帧、45～60 帧上单击右键，从快捷菜单中选择"创建补间形状"命令。

⑦选中第 5 帧，选择"修改"→"形状"→"添加形状提示"命令，为"1"添加第一个形状提示ⓐ，重复此操作，再添加两个形状提示ⓑ和ⓒ，用鼠标拖曳调整第 5 帧和第 20 帧的提示点位置，控制"1"到"2"的形状变化。同样分别选中第 20 帧和第 45 帧，为"2"到"3"和"3"到"1"添加形状提示。如图 7-74 所示。

图 7-74　"1"变化到"2"的形状提示

⑧保存文件，按 Ctrl+Enter 组合键测试影片。

（3）五角星变为"节日快乐"。

①设置舞台属性，大小为 550 像素×400 像素，颜色为白色。

②选择"文件"→"导入"命令，打开"导入"对话框，选中背景素材文件"礼盒.jpg"，单击"打开"按钮。选择任意变形工具将图片适当调整，作为背景图片。选中图层 1 的第 30 帧，在右键快捷菜单中选择"插入帧"命令。

③新建一图层"图层 2"，选择多角星形工具，设置笔触颜色为无，填充色为黄色。在"属性"面板的"工具设置"中将"选项"中的"样式"设为"星形"，边数为 5，星形顶点大小为 0.5。在第 1 帧的舞台上画一黄色五角星，调整五角星的位置使之位于礼盒的底部。在图层 2 的第 30 帧插入关键帧，删除黄色五角星，输入文本"节"，调整至第 1 条彩线上方，按 Ctrl+B 组合键打散文字，在第 1 至第 30 帧间创建补间形状动画。

④同样的方法，新建图层"图层 3"，在第 1 帧画红色五角星，在第 30 帧输入"日"字，创建补间形状动画。新建图层"图层 4"，在第 1 帧画绿色五角星，在第 30 帧输入"快"字，创建补间形状动画。新建图层"图层 5"，在第 1 帧画粉色五角星，在第 30 帧输入"乐"字，创建补间形状动画。如图 7-75 所示。

⑤保存文件，按 Ctrl+Enter 组合键测试影片。

图 7-75　"节日快乐"补间形状动画

（4）模拟折叠纸飞机的过程。

①设置舞台属性，大小为 550 像素×400 像素，颜色为白。

②选用矩形工具，笔触颜色为#978DE5，填充颜色为#FFDCFF。在第 1 帧舞台中心画一矩形，在第 5 帧插入关键帧。

③在第 10 帧插入关键帧，利用线条工具在矩形中间画一垂直线和一条斜线（按住 Shift 键，画倾斜角为 45°的直线），位置如图 7-76（a）所示。使用任意变形工具将左上侧的小三角旋转 180°，完成左边的第 1 个变形，如图 7-76（b）所示。在第 15 帧插入关键帧，在第 20 帧插入关键帧，同样完成右边的第 1 个变形，如图 7-76（c）所示。在第 25 帧插入关键帧。

④在第 30 帧插入关键帧，再次折叠左侧机头，如图 7-76（d）所示，完成左边的第 2 个

变形。在第 35 帧插入关键帧。在第 40 帧插入关键帧，同样完成右侧机头的第 2 个变形，如图 7-76（e）所示。在第 45 帧插入关键帧。

⑤在第 50 帧插入关键帧，删除多余线条，利用任意变形工具对飞机进行旋转，利用部分选取工具对两侧机尾进行变形，如图 7-76（f）所示。在第 55 帧插入关键帧。

⑥在第 60 帧插入关键帧，利用部分选取工具对飞机进一步变形，完成飞机的制作，如图 7-76（g）所示。

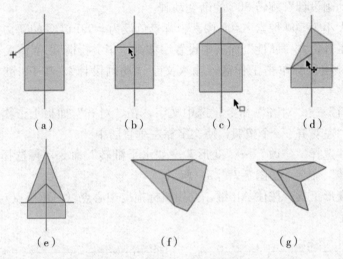

图 7-76 "纸飞机"补间形状动画

⑦删除各关键帧中的多余线条。分别在 5～10 帧、15～20 帧、25～30 帧、35～40 帧、45～50 帧、55～60 帧间创建形状补间动画。

⑧在每个补间动画的起始关键帧添加形状提示，然后调整各个起始和结束关键帧的形状提示位置，控制形状的变化。

⑨保存文件，按 Ctrl＋Enter 组合键测试影片。

3. 传统补间动画实例

（1）小球碰撞。

①新建文档，设置舞台属性，大小为 550 像素×400 像素，颜色为白色。

②选择椭圆工具，笔触颜色为空，填充颜色为标准红色到黑色放射渐变。在第 1 帧的舞台上绘制一个小球，将小球置于舞台顶部。

③选中红色小球，按 F8 键，将其转为图形元件。

④在第 15 帧和第 30 帧插入关键帧。选中第 15 帧，按住 Shift 键将小球移动到舞台底部。在 1～15 帧的任意帧上右击，选择"创建传统补间"命令，在"属性"面板上设置"缓动"值为"－100"（加速运动）。在 15～30 帧的任意帧上右击，选择"创建传统补间"命令，在"属性"面板上设置"缓动"值为"100"（减速运动）。

⑤新建图层"图层 2"，选择椭圆工具，笔触颜色为空，填充颜色为标准绿色到黑色放射渐变。在第 1 帧的舞台上绘制一个小球，选中绿色小球，按 F8 键，将其转为图形元件。

⑥选择图层 1 的第 1 帧，选择"视图"→"标尺"命令，按住鼠标左键，从垂直标尺处拖出一条垂直参考线，将参考线置于红球中心。选择图层 1 的第 15 帧中的红球，将其中心

对准参考线。选择图层 2 的第 1 帧，将绿球中心对准参考线，位置在图层 1 的第 15 帧中的红球之下，两球稍有重叠。

⑦选择图层 2 的第 15 帧和第 30 帧，分别插入关键帧。选中第 30 帧，按 Shift 键，将绿球移到舞台右侧，将"属性"面板的色彩效果"样式"的"Alpha"值设为 0。

⑧在图层 2 的 15～30 帧的任意帧上右击，选择"创建传统补间"命令。

⑨保存文件，按 Ctrl＋Enter 组合键测试影片。

（2）文字"动画设计"旋转 360°的渐变动画。

①创建一个大小为 500 像素×400 像素、背景色设为♯99FFCC 的新文档。

②选择文本工具，在"属性"面板中设置字体为"华文行楷"，字体大小为 50 点，文本颜色为♯993300。用鼠标单击工作区，输入文字"动画设计"。按 F8 键将其转换为图形元件。

③选择"窗口"→"对齐"命令，选中文字，在"对齐"面板上依次单击"相对于舞台""垂直中齐""左对齐"3 个按钮，使文字靠左垂直居中。

④选中文字，选择"修改"→"变形"→"水平翻转"命令，再选择"修改"→"变形"→"垂直翻转"命令，如图 7-77 (a) 所示。

⑤选择任意变形工具，按住 Alt 键，并用鼠标拖曳中心点（白色小点）至文字右边，如图 7-77 (b) 所示。

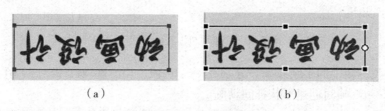

（a）　　　　　　　　　　　　　　（b）

图 7-77　文字变形

⑥选中第 15 帧，按 F6 键插入关键帧，将鼠标指向左上角的活动块，当指针变为弧形箭头时，将文字拖曳到如图 7-78 (a) 所示。

⑦新建图层"图层 2"，选中第 15 帧，重复步骤②和③。选择任意变形工具，按住 Alt 键，并用鼠标拖曳中心点（白色小点）至文字右边，将鼠标指向左上角的活动块，当指针变为弧形箭头时，将文字拖曳到如图 7-78 (b) 所示。

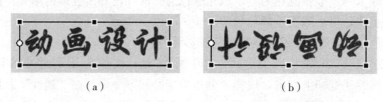

（a）　　　　　　　　　　　　　　（b）

图 7-78　文字旋转后的效果

⑧选择图层"图层 2"的第 30 帧，插入关键帧。将鼠标指向左上角的活动块，当指针变为弧形箭头时，将文字拖曳到如图 7-79 所示。

⑨在图层 1 的 1～15 帧的任意帧上右击，选择"创建传

图 7-79　文字旋转后的效果

统补间"命令。在图层 2 的 15～30 帧的任意帧上右击，选择"创建传统补间"命令。

⑩保存文件，按 Ctrl＋Enter 组合键测试影片。

（3）旋转的风车。

①选择"文件"→"新建"命令，新建一个文档。

②按 Ctrl＋F8 组合键新建一个图形元件，命名为"风车"。使用矩形工具、选择工具和线条工具，进行拖拉、合并，基本流程如图 7-80 所示，填充颜色分别为 ＃00FF00 和 ＃016D01。

图 7-80　风车叶片制作流程

③选择制作好的一个风车叶片，选择"修改"→"组合"命令或按 Ctrl＋G 组合键，将其组合成为一个整体。利用任意变形工具将风车叶片的"中心点"移动到左下角，如图 7-81 所示。

④选择"窗口"→"变形"命令，在"变形"面板中选择旋转角度为 90°，然后单击变形面板右下角的"重置选区和变形"按钮，依次复制出风车的其他叶片，如图 7-82 所示。风车制作后完成，返回场景 1。

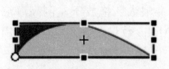

图 7-81　中心点移到左下角

图 7-82　风车元件

⑤按 Ctrl＋F8 组合键新建一个"影片剪辑"元件，命名为"风车动画"，如图 7-83（a）所示。这时"库"面板中已经能够看到"风车"和"风车动画"两个元件了。将"风车"元件从"库"面板拖曳到风车动画元件的场景中。如图 7-83（b）所示。

（a）

（b）

图 7-83　库中的元件和风车动画元件中的实例

⑥选择图层 1 中第 20 帧，按 F6 键，插入关键帧；选中第 1～20 帧中的任一帧右击，选择"创建传统补间"命令。在"属性"面板中，将补间的旋转方向设为顺时针。

⑦回到"场景 1"中，选中第 1 帧，从"库"面板中将"风车动画"元件拖入场景中，利用任意变形工具适当改变元件的位置与大小，再利用矩形工具制作风车把手。还可以在场景中放置多个风车。如图 7-84 所示。

图 7-84　风　车

⑧保存文件，按 Ctrl＋Enter 组合键测试影片。

4. 补间动画实例

制作"弄潮儿"动画：

（1）选择"文件"→"新建"命令，新建一个文档，帧频设为 6 fps。

（2）选中图层 1 的第 1 帧，选择"文件"→"导入"→"导入到舞台"命令，选择素材文件"海浪 . jpg"作为背景图片，利用任意变形工具和"对齐"面板调整大小和位置。右键单击图层 1 的第 24 帧，选择"插入帧"命令。

（3）新建图层"图层 2"，选择"文件"→"导入"→"导入到舞台"命令，导入素材文件"冲浪人 . png"。按 F8 键将其转换为图形元件"冲浪人"。选中第 1 帧，执行右键快捷菜单中的"创建补间动画"命令。第 1～24 帧呈现蓝色底纹。

（4）选择图层 2 的第 1 帧，打开"动画编辑器"面板，设置第 1 帧的属性："缩放 X"和"缩放 Y"均为 10％，"Alpha 数量"为 50％，图形元件"冲浪人"放于右侧平坦海浪处，如图 7-85（a）所示。

（5）切换到时间轴，选择第 24 帧，图形元件"冲浪人"拖放于左侧高海浪处。设置第 1 帧的属性："缩放 X"和"缩放 Y"均为 20％，"Alpha 数量"为 100％，利用任意变形工具调整"冲浪人"的方向，如图 7-85（b）所示。

（6）利用选择工具和部分选取工具调整引导线，使之与海浪的弧度相符，如图 7-85（c）所示。

（a）

（b）
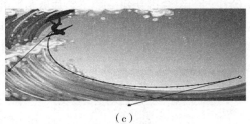
（c）

图 7-85　起始帧、终止帧和引导线的设置

（7）保存文件，按 Ctrl＋Enter 组合键测试影片。

7.8　Flash CS4 遮罩动画和引导层动画实例

7.8.1　实验目的

掌握遮罩动画和引导层动画的制作方法。

7.8.2　实验背景知识

1. 遮罩动画

遮罩层用于遮挡"被遮罩层"。遮罩层上的内容就像一个"窗口"，把"被遮罩层"显示出来。

（1）遮罩层中的任何填充区域都是完全透明的，而任何非填充区域都是不透明的。在遮罩层上绘制的图形或输入的文字，相当于在遮罩层上挖掉了相应形状的洞，形成挖空区域。通过挖空区域，显示下面图层中的内容，而遮罩层中没有绘制图形或输入文字的地方就成了遮挡物，把下面图层的内容完全掩盖起来。

（2）遮罩层中的内容可以包括图形、文字、实例、影片剪辑在内的各种对象，但 Flash 会忽略遮罩层中内容的具体细节，只关心它们占据的位置。在遮罩层中绘制各种图形或输入文字时可以不必考虑颜色。

（3）每个遮罩层可以有多个被遮罩层，这样可以将多个图层组织在一个遮罩层之下创建非常复杂的遮罩效果。

（4）两大类遮罩动画：遮罩层运动和被遮罩对象运动。

2. 引导层动画

引导层动画是沿着引导线运动的补间动画。引导层动画必须由引导层和被引导层构成。设置引导层和被引导层方法：

（1）在"时间轴"面板的图层区域选择图层，执行右键快捷菜单中的"添加传统运动引导层"命令。

（2）在"时间轴"面板的图层区域选择上方图层，执行右键快捷菜单中的"引导层"命令，选择下方图层，将鼠标向右上方拖曳。

制作引导层动画的步骤如下：

（1）制作一个传统补间动画。

（2）添加传统运动引导层。

（3）绘制路径。

（4）对齐路径。

（5）调整到路径。

3. 声音的导入

（1）执行"文件"→"导入"→"导入到库"命令，把声音文件导入到库。

（2）新建一个图层。

（3）选中要添加声音的层，选择声音开始的帧，将声音直接从"库"面板拖动到舞台上（用户可以为声音创建任意多的层，每个层所起的作用就好像声音通道，在播放时，所有层中的声音组合在一起）。

（4）"数据流"类型可控制声音与动画同步，将声音分配到每个帧中，与动画同时停止。

7.8.3　实验内容

1. 遮罩动画实例

（1）制作文字遮罩动画。要求：文字上出现漂亮且不断变化的背景。

（2）制作放大镜效果的遮罩动画。要求：放大镜移过处的文字被放大。

（3）制作"滚动字幕"动画。要求：字幕在渐变颜色背景下淡入淡出滚动显示。

2. 引导层动画实例

（1）制作科技球。要求：不同渐变颜色的小球，分别围绕椭圆轨迹线运行。

（2）制作文字多重虚影的动感效果。

（3）制作飘落的红叶，要求插入背景音乐。

7.8.4 实验步骤

1. 遮罩动画实例

（1）制作文字遮罩动画。

①选择"文件"→"新建"命令，新建一个画布尺寸为 400 像素×300 像素的文档，背景色设为♯99FFFF。

②选择"文件"→"导入"→"导入到舞台"命令，在图层 1 的第 1 帧导入素材文件"文字遮罩背景.jpg"。

③新建图层 2，选中第 1 帧，选择文字工具，在"属性"面板中将字体设为"华文新魏"，大小设为 70 点，加粗，文本颜色为♯000000。在工作区输入文字"动画设计"。

④选中文字，选择"窗口"→"对齐"命令，在"对齐"面板中，依次单击"相对于舞台""水平中齐""垂直中齐"3 个按钮，使文字居中对齐。单击第 30 帧，按 F5 键插入帧。

⑤选中图层 1 的第 1 帧，拖曳图片使之与文字的右端对齐，选中图层 1 的第 30 帧，按 F6 键插入关键帧，拖曳图片使之与文字的左端对齐。右击图层 1 的第 1 帧，在弹出的快捷菜单中选择"创建传统补间"命令。

⑥右击图层 2，在弹出的快捷菜单中选择"遮罩层"命令。

⑦按 Ctrl＋Enter 组合键测试影片，效果如图 7-86 所示。选择"文件"→"导出"→"导出影片"命令保存文件。

图 7-86 文字遮罩效果

（2）制作放大镜效果的遮罩动画。

①选择"文件"→"新建"命令，新建一个画布尺寸为 500 像素×300 像素的文档，背景色设为♯0099CC。帧频设为 6fps。

②单击"文字工具"，在"属性"面板中将字体选择为"华文琥珀"，大小设为 50 点，文本颜色为♯FFFFFF。在工作区输入文字"动画设计"。单击第 40 帧，按 F5 键插入普通帧。

③新建图层 2，选中第 1 帧，选择矩形工具，设置笔触颜色为无，填充颜色为♯99FFCC，绘制一个覆盖整个工作区的矩形。使用文字工具输入文字"动画设计"，字体相同，颜色不同，大小略大于图层 1 中的文字，使用选择工具将文字拖曳到图层 1 文字的位置处。单击第 40 帧，按 F5 键插入普通帧。

④新建图层 3，按 Ctrl＋F8 组合键新建一个"图形"元件，选择椭圆工具，设置笔触颜色为无，填充颜色为黑色，在工作区绘制一个椭圆，作为放大镜；选择矩形工具，设置笔触颜色为无，填充颜色为黑色，在工作区绘制一个矩形，作为放大镜的手柄。使用选择工具和任意变形工具将其变形和旋转。

⑤返回场景 1，选中图层 3 的第 1 帧，将放大镜拖曳至第 1 个字符处使之覆盖字符，单击图层 3 的第 40 帧，按 F6 键插入关键帧，将放大镜拖曳至最后一个字符后面，右击图层 3 的第 1 帧，在弹出的快捷菜单中选择"创建传统补间"命令。

⑥右击图层 3，在弹出的快捷菜单中选择"遮罩层"命令。遮罩效果如图 7-87 所示。

⑦按 Ctrl＋Enter 组合键测试影片，选择"文件"→"导出"→"导出影片"命令保存文件。

图 7-87 放大镜遮罩效果

（3）制作"滚动字幕"动画。

①选择"文件"→"新建"命令，新建一个画布尺寸为 500 像素×300 像素的文档，背景色设为♯0099CC。

②选择"插入"→"新建元件"命令，打开"创建新元件"对话框，类型选择"图形"，单击"确定"按钮。

选择文本工具，在"属性"面板中将字体大小设为 24，文本颜色设为黑色，在当前窗口输入文本内容。单击工作区左上方的"场景 1"按钮，返回场景。

③选择"插入"→"新建元件"命令，打开"创建新元件"对话框，类型选择"图形"，单击"确定"按钮。

选择矩形工具，在"属性"面板中将笔触颜色设为无，在"混色器"面板中，填充样式选择线性渐变，填充颜色设置为从♯0099CC 到♯FFFFFF 再到♯0099CC 的渐变，在工作区中绘制一个适当大小的矩形。选择"修改"→"变形"→"顺时针旋转 90°"命令。单击工作区左上方的"场景 1"按钮，返回场景。

④选中图层 1 第 1 帧，打开"库"面板，将矩形元件拖曳到工作区。选中矩形，利用任意变形工具调整矩形，使之与工作区高、宽一致。单击第 50 帧，按 F5 键插入普通帧。

⑤新建图层 2，选中第 1 帧，将"库"面板中的文本元件拖曳到工作区的下方，与工作区下边界对齐。

⑥单击图层 2 的第 50 帧，按 F6 键插入关键帧，将文本实例拖曳到工作区上方，与工作区上边界对齐。右击图层 2 的第 1 帧，在弹出的快捷菜单中选择"创建传统补间"命令。

⑦右击图层 2，在弹出的快捷菜单中选择"遮罩层"命令。字幕效果如图 7-88 所示。

⑧按 Ctrl＋Enter 组合键测试影片，选择"文件"→"导出"→"导出影片"命令保存文件。

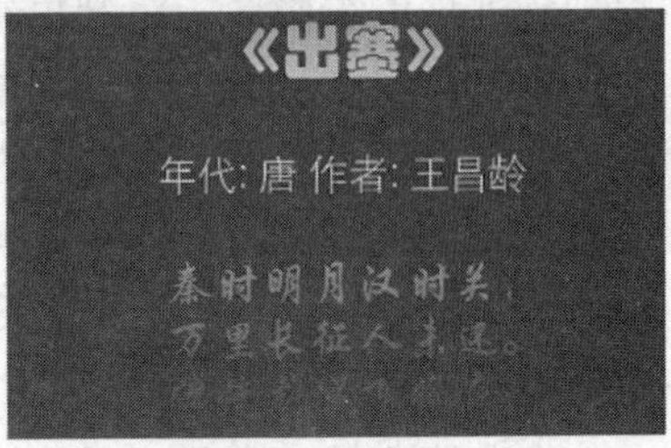

图 7-88 滚动字幕效果

2. 引导层动画实例

（1）制作科技球。

①选择"文件"→"新建"命令，新建一个文档，背景色设为♯000000。帧频设为 10fps。

②选择"插入"→"新建元件"命令，打开"创建新元件"对话框，类型选择"影片剪辑"，名称为"红球"，单击"确定"按钮。在影片剪辑编辑窗口中，选择椭圆工具，笔触颜色设为无，填充颜色选择放射渐变黑红色，按 Shift 键画一个圆作为小球。选中圆，选择"修改"→"转换为元件"命令，将其转换为图形元件。将图层 1 重命名为"球"，并选中第

10 帧，按 F6 键插入关键帧。

右击图层"球"，在出现的快捷菜单中选择"添加传统运动引导层"命令。选中引导层第 1 帧，选择椭圆工具，设置笔触颜色为黑，填充色为无，在编辑区绘制一个大的椭圆，作为小球运行的轨迹。单击引导层第 50 帧，按 F5 键插入普通帧。

③插入新图层，并重命名为"轨迹"，选中"轨迹"层第 1 帧，选择椭圆工具，设置笔触颜色为红，填充色为无，在编辑区绘制一个与引导层中大小相同的椭圆。

④选中引导层，利用橡皮擦工具在引导层的椭圆轨迹上擦一个小缺口。

选中"球"层第 1 帧，拖曳小球到椭圆轨道缺口的左端，使小球实例的中心点与轨道左端点重合。选中"球"层第 50 帧，拖曳小球到椭圆轨道缺口的右端，使小球实例的中心点与轨道右端点重合。右击"球"层第 1 帧，在弹出的快捷菜单中选择"创建传统补间"命令。

⑤单击"场景 1"按钮，切换到场景。

⑥重复步骤②~⑤，创建颜色为绿、蓝、黄的 3 个影片剪辑元件"绿球""蓝球""黄球"。

⑦在"库"面板中将影片剪辑元件拖曳到工作区，选择任意变形工具，调整元件实例的角度，如图 7-89 所示。

⑧按 Ctrl＋Enter 组合键测试影片，选择"文件"→"导出"→"导出影片"命令保存文件。

图 7-89　小球围绕轨迹线运行的动画

（2）制作文字多重虚影的动感效果。

①选择"文件"→"新建"命令，新建一个文档，背景色设为黑色。

②输入文字"动"，在"属性"面板中设置字体为"隶书"，字体大小设为 90，文本颜色设为白色，选中文字"动"，按 F8 键将其转换成名为"动"的图形元件。

另一个文字"画"仿照"动"字设置属性后，转换成名为"画"的图形元件。

③按 Ctrl＋F8 组合键，创建名为"动 1"的影片剪辑元件。将图层 1 改名为"100"（指透明度）。选中其第 2 帧，按 F6 键插入关键帧，将名为"动"的图形元件从库中拖出至影片剪辑元件的编辑区。将其色彩效果的 Alpha 值设置为 100％。

右击图层"100"，在出现的快捷菜单中选择"添加传统运动引导层"命令。用铅笔工具在合适的位置上绘制引导线，选中引导层的第 100 帧，按 F5 键插入普通帧。

选中图层"100"的第 32 帧，按 F6 键插入关键帧，将名为"动"的图形元件的实例的中心点对准引导线的终点。选中图层"100"的第 2 帧，将名为"动"的图形元件的实例的中心点对准引导线的起点。

右击第 2 帧，在弹出的快捷菜单中选择"创建传统补间"命令。

④在引导层下面插入一个名为"90"的新层，选中第 4 帧，按 F6 键插入关键帧，将名为"动"的图形元件从库中拖出至影片剪辑元件的编辑区，将其色彩效果的 Alpha 值设置为 90％，将名为"动"的图形元件的实例的中心点对准引导线的起点。选中图层"90"的第 34 帧，按 F6 键插入关键帧，将名为"动"的图形元件的实例的中心点对准引导线的终点。右击第 4 帧，在弹出的快捷菜单中选择"创建传统补间"命令。

⑤仿照步骤④，创建层"80""70""60""50""40""30""20""10"以及这些层中的引导线运动渐变动画。完成影片剪辑元件"动"的创建，返回场景。

⑥仿照影片剪辑元件"动"的创建过程，创建影片剪辑元件"画1"。

⑦在工作区分别依次创建名为"动""画"的2个新层，在2个层的第1、第10帧处插入关键帧，将库中"动1""画1"2个影片剪辑元件分别拖到相应的2个层的关键帧处，调整2个影片剪辑元件的实例的位置。分别选中每个层的第100帧，按F5键插入普通帧，至此，动画制作完毕。动画效果如图7-90所示。

图7-90　多重虚影的文字动画效果

（3）制作飘落的枫叶。

①选择"文件"→"新建"命令，新建一个文档，背景色设为白色。

②选择"文件"→"导入"→"导入到库"命令，导入素材文件"背景.jpg""枫叶1.gif""枫叶2.gif""枫叶3.gif""背景音乐.mp3"。

③选择"插入"→"新建元件"命令，新建一个名为"飘叶1"的影片元件。

按下Ctrl+L组合键打开"库"面板，将枫叶1图片拖动到舞台，选择任意变形工具，按Shift键将图像缩小，选择"修改"→"转换为元件"命令，将其转换为"树叶1"图形元件。在图层1的第30帧按下F6键插入关键帧，选中第30帧，选择任意变形工具，将图像任意旋转。右击第1帧，选择"创建传统补间"命令，创建运动渐变动画。右击图层1，选择"添加传统运动引导层"命令，选中引导层第1帧，利用铅笔工具，在舞台上绘制树叶飘落的运动路径，选中引导层第30帧，按下F5键插入一个普通帧。单击图层1的第1帧，选中树叶，将树叶的中心与路径的上端对齐；选中第30帧，将树叶的中心与路径的下端对齐。在"属性"面板中，将Alpha值设为50%。

④同样用"枫叶2.gif"和"枫叶3.gif"创建"飘叶2"和"飘叶2"影片元件。

⑤返回场景1，选中图层1第1帧，从"库"面板中将"背景.jpg"拖入舞台，选择任意变形工具，将背景图片缩放与舞台同样大小。

⑥新建图层2，选中图层2第1帧，将"飘叶1""飘叶2""飘叶3"影片剪辑拖动到场景中，调整其位置。

⑦新建图层3，选中图层3第1帧，在"属性"面板中设置声音名称为"背景.mp3"，其他参数默认。

⑧按Ctrl+Enter组合键测试影片，效果如图7-91所示，选择"文件"→"导出"→"导出影片"命令保存文件。

图7-91　飘落的枫叶动画效果

7.9 网站设计综合实验——名画欣赏

7.9.1 实验目的

1. 复习巩固使用 Photoshop 进行图形处理的知识点。
2. 复习巩固使用 Flash 制作平面动画的知识点。
3. 复习巩固使用 Dreamweaver 进行网页制作的知识点。

7.9.2 实验内容

1. 实验前准备

（1）以本人的学号为名，建立本地站点的根文件夹。并将素材文件复制到本地站点的根文件夹中。

（2）新生成的文件保存在本地站点的根文件夹中。

（3）实验中所用到的图像文件，均存放在本地站点下的 img 文件夹中。

（4）若无所需的字体，可自选字体使用。

2. 图像处理

（1）将图片缩小，并加圆角矩形外线框，用 tu1＿1. gif 保存文件。将 tu1＿1. gif 的不透明度改为 50％，用 tu1＿2. gif 命名并保存文件。

（2）绘制圆角矩形，并添加"斜面与浮雕"样式。用 Frame. jpg 为名保存在站点根文件夹中。

（3）打开站点根文件夹中的逐帧图像文件 fangao. gif，在第 1 和第 2 帧之间插入一帧，并分别先后居中导入 frame. gif 和 tu1. jpg。

（4）在逐帧图像文件 fangao. gif 的最后一帧上仿照第 1 帧的文字样式，输入带阴影的文字"名画欣赏"，要求：字体为"汉鼎繁古印"，输入文字分两行，居中对齐。将逐帧图像文件每一帧的播放时间改为 1s，播放逐帧图像文件，保存在 img 文件夹中。

3. 动画制作

（1）新建 Flash 文件，用库中图形元件 fg 制作由左向右的运动渐变动画，以 fg1. swf 为名保存在站点根文件夹中。

（2）打开文件 fg2. fla，添加一个新的层，完成文字"梵高"形状渐变动画；完成文字"名画"透明度由 100％至 0％的渐变；以 fg2. swf 为名保存在站点根文件夹中。

（3）新建 Flash 文件，在第 1 层和第 2 层的第 1 帧上，分别导入图像文件，并将其锁住；在第 3 层的第 1 帧上输入文字"名画欣赏"；将第 2 层的图像和第 3 层的文字制作成长度为 30 帧的遮罩效果的运动渐变动画，文字层为遮罩层。将该动画以 fg3. swf 为名保存在站点根文件夹中。

（4）打开本地站点中的文件 fg4. fla，添加一个新层和引导层，利用库中影片剪辑元件"蝴蝶群"制作运动渐变的"蝴蝶群"。测试动画后用 fg4. swf 为名保存在站点根文件夹中。

4. 网页设计

（1）按照图 7-92 所示的样张创建符合下列要求的首页文件 index. htm，并将文件保存在站点根文件夹中。

（2）用 Photoshop 子文件夹中的图像创建网站的图像相册。图像相册标题为"名画——人类的精神粮食"。保存网站相册文件，文件名为"index1. htm"。

（3）创建符合下列要求的网页文件 fg. htm，并将文件保存在站点根文件夹中。

应用模板文件 fangao. dwt 新建网页 fg. htm；将"梵高的故事. doc"的文字内容复制到文字区域，并在模板左侧 2 个层中分别插入图像文件，在标题处输入"梵高的故事"；链接外部层叠样式表文件 format. css，并将其中的样式应用于标题、图片和文字上。在最后一段的文字中间插入锚点；在页面左下角插入图像文件 return. gif，并用该图像建立返回首页 index. htm 的超链接。

（4）打开文件 index. htm，在网页左侧画 4 个 AP 元素，即层，并在其中分别插入鼠标经过图像。在网页右侧画 2 个层，在其中 1 个层中插入图像文件 fg. gif；在另一个层中分别插入 4 个层，4 个层叠放在一起，在层中分别插入动画文件。

（5）给网页左侧的 4 个鼠标经过图像添加行为。

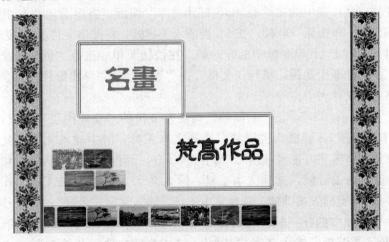

图 7-92　首页 index. htm

7.9.3　实验步骤

1. 图像处理

（1）启动 Photoshop，执行"文件"→"打开"命令，打开文件"tu1. jpg"。双击背景图层，将其解锁，转化为普通图层。

选择"图像"→"图像大小"命令，宽度设为 90 像素，高度设为 60 像素，利用矩形选框工具沿图片内侧进行选择（留出外侧 3 像素宽度），右键单击图片，选择"选择反向"命令。

单击 Photoshop 左下角的"以快速蒙版模式编辑"按钮，选择"滤镜"→"素描"→"图章"命令，"明/暗平衡"选项设为 25，"平滑"选项设为 5。单击 Photoshop 左下角的"以标准模式编辑"按钮，按 Delete 键删除，双击图层，选择"描边"，大小为 3 像素，填充颜色为＃99FF66。

选择"文件"→"存储"命令，格式设为 gif，文件名为 tu1＿1，保存文件。

在"图层"面板上将 tu1＿1. gif 的不透明度改为 50％，用 tu1＿2. gif 命名保存文件。

（2）选择圆角矩形工具，在"属性"面板上设置颜色为♯FFFFDD、宽为 330 像素，高为 230 像素，在画布上画出圆角矩形，双击图层添加"斜面与浮雕"样式，参数自定，用 Frame. jpg 为文件名保存在站点根文件夹中。

（3）打开站点根文件夹中的逐帧图像文件 fangao. gif，选择"窗口"→"动画"命令，选中"时间轴"面板上的第 1 帧，单击"时间轴"面板上的"新建帧"按钮 2 次，分别在 2 个帧中依次导入 frame. gif 和 tu1. jpg。

（4）选中图层 7 和 fangao. gif 的最后一帧，选择文本工具，仿照第 1 帧的文字样式，字体设为"汉鼎繁古印"，大小设为 68 点，输入文字分两行，居中对齐；颜色为♯FF0000，双击文字图层，在"斜面和浮雕"中设置阴影的颜色为♯006633；合并图层 7 和文字图层，将逐帧图像文件每一帧的播放时间改为 1s，播放逐帧图像文件，将文件 fangao. gif 保存在 img 文件夹中。

2. 动画制作

（1）打开站点文件夹中的文件 fa. fla，打开"库"面板，将图形元件 fg 拖曳到编辑区，与工作区左端对齐。单击第 500 帧，按 F6 键插入关键帧，将图形元件 fg 拖曳到编辑区，与工作区右端对齐。右击 1～500 帧中的任一帧，在快捷菜单中选择"创建传统补间"命令，制作由左向右的运动渐变动画，执行"文件"→"导出"→"导出影片"命令，以 fg1. swf 为名保存在站点根文件夹中。

（2）打开文件 fg2. fla，单击"时间轴"面板左下角的"新建图层"按钮，添加一个新层，选择第 76 帧，按 F6 键插入关键帧，选择文本工具，居中输入文字"梵高"，在"属性"面板中设置字体为"方正水柱体"、大小为 80 点，颜色为♯993300，延续 10 帧。在第 85 帧，按 F6 键插入关键帧，选择文本工具，输入文字"梵高"，按 Ctrl＋B 组合键两次。在第 100 帧，按 F6 键插入关键帧，选择文本工具，输入文字"名画"，按 Ctrl＋B 组合键两次，右击 85～100 帧中的任一帧，在快捷菜单中选择"创建补间形状"命令。选择第 101 帧，按 F6 键插入关键帧，输入文字"名画"，选中文字，执行"修改"→"转换为元件"命令，在"属性"面板中将色彩效果的 Alpha 值设为 100％。选择第 110 帧，输入文字"名画"，转化为元件后，设置透明度为 0％，右击 85～100 帧中的任一帧，在快捷菜单中选择"创建补间形状"命令。选中第 111 帧分两行输入文字"名画欣赏"，文字的大小及样式自定，在第 130 帧按 F5 键插入普通帧，以 fg2. swf 为名保存在站点根文件夹中。

（3）新建 Flash 文件，大小为 330 像素×230 像素，帧频为 10fps。在第 1 层的第 1 帧上选择"文件"→"导入"→"导入到舞台"命令，将图像文件 Frame. gif 导入，在第 30 帧按 F5 键插入普通帧，并单击图层上的锁标记按钮，将图层锁住。在第 2 层的第 1 帧上导入图像文件 tu2. jpg，在第 3 层的第 1 帧上居中分两行输入文字"名画欣赏"，字体为"黑体"，大小为 75 点，颜色为♯000000，在第 30 帧按 F5 键插入普通帧。选中第 2 层的第 1 帧，将第 2 层的图像与第 3 层中文字的左边缘对齐，在第 2 层的第 30 帧插入关键帧，将第 2 层的图像与第 3 层中文字的右边缘对齐，右击第 2 层的第 1 帧，在快捷菜单中选择"创建传统补间"命令。右击图层 3，在快捷菜单中选择"遮罩层"命令。将该动画以 fg3. swf 为文件名保存在站点根文件夹中。

（4）打开本地站点中的文件 fg4. fla，单击"时间轴"左下角的"新建图层"按钮，插入图层 3，选中第 1 帧，打开"库"面板，将影片剪辑元件"蝴蝶群"拖入工作区左下角。

使用任意变形工具将实例缩小。右击图层 3，选择"添加传统运动引导层"命令，插入引导层。使用铅笔工具在引导层工作区中绘制一条曲线。选中图层 3 的第 1 帧，将实例"蝴蝶群"的中心点与曲线的左端对齐，选中图层 3 的第 50 帧，按 F6 键插入关键帧，将实例"蝴蝶群"的中心点与曲线的右端对齐，右击图层 3 的第 1 帧，在快捷菜单中选择"创建传统补间"命令。测试动画后用 fg4. swf 为文件名保存在站点根文件夹中。

3. 网页设计

（1）选择"文件"→"新建"命令，创建新网页，选择"修改"→"页面属性"命令，设置"外观"→"背景图像"为 img 中的文件 bg0035. jpg。

选择"插入"→"布局对象"→"AP Div"命令，在网页中按样张在底部画一个 AP 元素，选中 AP 元素，在"属性"面板中设置宽为 700 像素，高为 65 像素。选中 AP 元素，选择"插入"→"媒体"→"SWF"命令，将 Flash 文件 fg1. swf 插入。以 index. htm 为名保存文件。

（2）选择"文件"→"新建"命令，创建新网页，选择"命令"→"创建网站相册"命令，在弹出的对话框中设置相册标题为"名画——人类的精神食粮"，源图像文件夹选择站点中的"photo"子文件夹，目标文件夹选择本地站点根文件夹，"列"为 4。

选择"修改"→"页面属性"命令，设置"外观"→"背景图像"为 img 中的文件 bg0029. jpg。

选择"窗口"→"资源"命令，在"资源"面板中选中 return 库项目，拖曳到当前的网页中。单击"属性"面板中的"居中对齐"按钮，使其在网页中居中，链接设置为"index. htm"。以 index1. htm 为名保存文件，如图 7-93 所示。

名画——人类的精神粮食

图 7-93　网站相册 index1. htm

（3）创建符合要求的网页文件 fg. htm，并将文件保存在站点根文件夹中。

选择"文件"→"新建"命令，新建一个 HTML 文件，保存为 fg. htm，选中 fg. htm。打开"资源"面板，单击"模板"按钮，选中 fangao. dwt 模板文件，单击"应用"按钮，将 fangao. dwt 模板应用到网页文件 fg. htm。打开根文件夹中的"梵高的故事 . doc"文件，将其文字内容复制到网页文字区域。

　　将光标插入 tu3 区，选择"插入"→"图像"命令，选择 img 文件夹中的图像文件 tu3. jpg 插入，将选择 img 文件夹中的图像文件 tu4. jpg 插入 tu4 区。将光标插入到顶部标题区，输入文字"梵高的故事"；选中标题文字，在"属性"面板上单击"类"下拉列表，选择"附加样式表"，在"文件/URL"文本框中输入外部层叠样式表文件名"format. css"，单击"确定"按钮。再在"属性"面板的"类"下拉列表中选择"title"，样式 title 即作用于网页标题；选中网页中文字区的内容，应用样式"format"；选中图像文件 tu3. jpg 和 tu4. jpg，应用样式"ellipse"。将光标插入到最后一段的文字"《鸢尾花》"中间，选择"插入"→"命名锚记"命令，锚记名称命名为"aa"。将光标插入到 return 区，选择"插入"→"图像"命令，插入图像文件 return. gif，选中该文件，在"属性"面板上，在"链接"处输入"index. htm"。如图 7-94 所示。

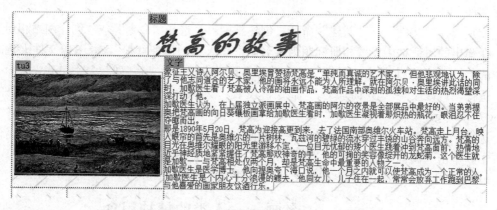

图 7-94　利用模板创建网页文件 fg. htm

　　（4）打开文件 index. htm。选择"插入"→"布局对象"→"APDiv"命令，在网页中按样张在左侧画 4 个大小一致的 AP 元素（apDiv2、apDiv3、apDiv4、apDiv5），即选中 AP 元素，在"属性"面板中设置宽为 93 像素，高为 63 像素。分别选中 4 个 AP 元素，选择"插入"→"图像对象"→"鼠标经过图像"命令，其原始图像文件分别为 tu1 _ 2. gif、tu2 _ 2. gif、tu3 _ 2. gif、tu4 _ 2. gif，鼠标经过图像文件分别为 tu1 _ 1. gif、tu2 _ 1. gif、tu3 _ 1. gif、tu4 _ 1. gif。

　　将光标移至网页右侧，选择"插入"→"布局对象"→"AP Div"命令，插入 2 个大小一致的 AP 元素，选中其中 1 个 AP 元素（apDiv6），选择"插入"→"图像"命令，插入文件 fangao. gif；选中另一个 AP 元素（apDiv7），插入 4 个大小为 330 像素×230 像素的 AP 元素（apDiv8、apDiv9、apDiv10、apDiv11），4 个 AP 元素叠放在一起，选择"插入"→"媒体"→"SWF"命令，在 AP 元素中分别插入文件 frame. gif、fg2. swf、fg3. swf、fg4. swf。

　　（5）选中网页左侧第 1 个鼠标经过图像，选择"窗口"→"标签检测器"命令，单击"行为"按钮，在左侧文本框内选择 onClick 事件，选中右侧文本框，点击"＋"按钮，选择"播放声音"行为，选择声音文件 concerto for love. mp3，如图 7-95 所示。

图 7-95　播放声音行为设置

选中网页左侧第 2 个鼠标经过图像，选择 onMouseOver 事件和"显示-隐藏元素"行为，设置 apDiv9 显示，apDiv8、apDiv10 和 apDiv11 隐藏；选择 onMouseOut 事件和"显示-隐藏元素"行为，设置 apDiv8 显示，apDiv9、apDiv10 和 apDiv11 隐藏；选择 onClick 事件和"打开浏览器窗口"行为，设置"要显示的 URL"为网站相册文件 index1.htm。

选中网页左侧第 3 个鼠标经过图像，选择 onMouseOver 事件和"显示-隐藏元素"行为，设置 apDiv10 显示，apDiv8、apDiv9 和 apDiv11 隐藏；选择 onMouseOut 事件和"显示-隐藏元素"行为，设置 apDiv8 显示，apDiv9、apDiv10 和 apDiv11 隐藏；选择 onClick 事件和"打开浏览器窗口"行为，设置"要显示的 URL"为 fg.htm♯aa。

选中网页左侧第 4 个鼠标经过图像，选择 onMouseOver 事件和"显示-隐藏元素"行为，设置 apDiv11 显示，apDiv8、apDiv9 和 apDiv10 隐藏；选择 onMouseOut 事件和"显示-隐藏元素"行为，设置 apDiv8 显示，apDiv9、apDiv10 和 apDiv11 隐藏；选择 onClick 事件和"打开浏览器窗口"行为，设置"要显示的 URL"为 fg.htm。

思考题

1. 利用所给图片素材制作"梦幻城堡"。

涉及知识点：图像合成、图层蒙版、图层样式、图像调色、文字效果、快速蒙版、滤镜。

操作要求：

按照以下要求，制作如图 7-96 所示效果。

(1) 新建一个名称为"梦幻城堡"、画布大小为 500 像素×710 像素、分辨率为 72、背景内容为白色的文件。

(2) 将素材"城堡.jpg"拖曳到画布中，放置在画布的中间，图层名字改为"城堡"，给其添加图层蒙版，利用画笔工具。通过不同流量的设置，将城堡图层边缘模糊化。

将素材"河流.jpg"拖曳到画布中，放置在画布的下方，图层名字改为"河流"，给其添加图层蒙版，利用画笔工具，通过不同流量的设置，将河流和城堡图像融合在一起。

将素材"小岛.jpg"拖曳到画布中，利用与上述相同的方法将小岛融入城堡的右后方。

将素材"云层.jpg"拖曳到画布中，放置在画布的上方，图层名字改为"云层"，给其添加图层蒙版，利用渐变工具和画笔工具将云层融入画面中。

图 7-96　"梦幻城堡"效果

打开素材"月亮.jpg"，将素材中的月亮放置在画布的左上角，图层名字改为"月亮"，并将图层混合模式更改为"变亮"。

抠选出素材"美女.jpg"中的人物，放置在画布的右下角，图层名字改为"美女"。

将素材"高光.jpg"拖曳到画布中，放置在画布的上方，图层名字改为"高光"，将图层混合模式更改为"颜色减淡"，给高光图层添加图层蒙版，利用渐变工具制作梦幻般的绚烂效果。

再次将素材"高光.jpg"拖曳到画布中，放置在画布的下方，图层名字改为"绚烂"，将图层混合模式更改为"颜色减淡"，为画面底部增加炫彩效果。

（3）为图像添加色彩平衡和照片滤镜的调整图层，使画面呈现偏紫色的梦幻色调。

（4）输入文字"My Dream"，字体为 Papyrus，60 点，加粗，设置消除锯齿的方法为平滑；设置投影效果（不透明度为 30%，角度为 120°，距离为 1 像素，等高线为"环形-双"）。

（5）输入文字"追逐梦想　让我们一起踏上寻梦的旅程"，字体为微软雅黑，18 点，设置消除锯齿的方法为锐利。

（6）新建一个图层，建立一个 460 像素×670 像素的选区，平滑为 10 像素，得到一个圆角矩形选区，移至画面中间，进入快速蒙版编辑状态。

（7）添加"扩散亮光"滤镜，其中粒度为 10，发光量为 20，清除数量为 20。

（8）退出快速蒙版编辑状态，反选，填充白色，并为其添加淡紫色（＃9284C0），外部 1 像素描边。

2. 通过 Flash 制作写字动画"完美设计工作室"。

操作要求：

（1）准备写字动画素材。从网络上选择合适的素材图片"背景"和"钢笔"。新建一个 Flash 动画文件，大小为 260 像素×80 像素，背景色为白色。将背景和钢笔图片导入库中。

（2）利用背景和钢笔图片创建 pen 和 background 元件，类型都为"图形"。

（3）创建"背景""文字""钢笔"3 个图层。在"文字"图层的第一帧，使用文本工具输入文字"完美设计工作室"，字体为方正舒体，大小为 24 点，利用任意变形工具使文字倾斜。将 background 元件拖到"背景"图层的舞台中央；将 pen 元件拖到"钢笔"图层的舞台中，调整笔尖指向"完"字。

（4）创建"钢笔"图层上 pen 元件沿直线运动的动画，即从第 1 帧运动到第 70 帧，使得钢笔笔尖指向"室"字。要保持"背景"和"文字"两图层在 1～70 帧始终可见。

（5）创建引导 pen 元件沿曲线运动的"引导层：钢笔"图层。使用铅笔工具连笔写出所有文字，形成运动引导曲线（必须连续，不能中断）。实现"钢笔"图层上 pen 元件沿着引导线运动的动画，使得笔尖指向"室"字的最后一笔。

（6）创建遮罩"文字"图层的遮罩层。新建名为"文字显示遮罩"的图层，在第 1 帧中，使用比汉字略粗的刷子将笔尖处点一个绿色点；在第 2 帧和第 3 帧中，把文字和笔尖处都填充为绿色；依次将有笔画的帧都填充为绿色，最后形成一个 70 帧的逐帧动画。

（7）设置遮罩，实现文字跟随钢笔的显示效果。选择"文字显示遮罩"图层，设置为遮罩层，实现对"文字"图层的遮罩效果。

参 考 文 献

郭雅，2013. 计算机网络实验指导书 [M]. 北京：电子工业出版社.

李敏，2012. 网页设计与制作案例教程 [M]. 2 版. 北京：电子工业出版社.

谢希仁，2017. 计算机网络 [M]. 7 版. 北京：电子工业出版社.

许晓强，2021. 计算机网络技术与应用 [M]. 北京：中国农业出版社.

叶阿勇，2014. 计算机网络实验与学习指导 [M]. 北京：电子工业出版社.

张珈瑞，2010. Photoshop CS4 案例教程 [M]. 2 版. 北京：北京大学出版社.

朱印宏，2010. Flash CS4 基础与案例教程 [M]. 北京：机械工业出版社.

图书在版编目（CIP）数据

计算机网络实验教程 / 孙建，魏晓莉主编 . —北京：中国农业出版社，2021.10
普通高等教育农业农村部"十三五"规划教材　全国高等农林院校"十三五"规划教材
ISBN 978-7-109-22808-5

Ⅰ.①计… Ⅱ.①孙… ②魏… Ⅲ.①计算机网络—实验—高等学校—教材 Ⅳ.①TP393-33

中国版本图书馆 CIP 数据核字（2021）第 153411 号

中国农业出版社出版

地址：北京市朝阳区麦子店街 18 号楼
邮编：100125
责任编辑：李 晓　文字编辑：李兴旺
版式设计：王 晨　责任校对：刘丽香
印刷：中农印务有限公司
版次：2021 年 10 月第 1 版
印次：2021 年 10 月北京第 1 次印刷
发行：新华书店北京发行所
开本：787mm×1092mm　1/16
印张：12.75
字数：305 千字
定价：30.00 元